AI摄影创作实战

Midjourney指令、AI照片生成、Photoshop与像素蛋糕修图全解

杨志 · 著

人民邮电出版社

北京

图书在版编目（CIP）数据

AI 摄影创作实战 ：Midjourney 指令、AI 照片生成、Photoshop 与像素蛋糕修图全解 / 杨志著. -- 北京 ：人民邮电出版社, 2025. -- ISBN 978-7-115-65590-5

Ⅰ. TP391.413

中国国家版本馆 CIP 数据核字第 2024PW5828 号

内 容 提 要

AI技术的广泛应用为摄影提供了全新的创作和表达方式,也大大提高了影像创作者的工作效率。本书详细介绍了AI在摄影领域的全面应用,从AI摄影的基础理论知识,到简单好用的指令与参数设置,从风光、动物、植物、美食、产品、人像等各类题材的生图实战技巧,到运用Photoshop、Midjourney和像素蛋糕对照片进行美化、调色和创意合成的实用技巧,旨在帮助读者轻松掌握使用AI进行摄影创作的技法。

本书内容丰富,讲解由浅入深。无论是专业摄影师还是摄影爱好者,本书都能为之带来无限的创意灵感,帮助其提高摄影创作效率,为其职业发展赋能。

◆ 著　　　　杨　志

　　责任编辑　张　贞

　　责任印制　周昇亮

◆ 人民邮电出版社出版发行　　北京市丰台区成寿寺路 11 号

　　邮编　100164　　电子邮件　315@ptpress.com.cn

　　网址　https://www.ptpress.com.cn

　　北京九天鸿程印刷有限责任公司印刷

◆ 开本：700×1000　1/16

　　印张：15.5　　　　　　　　　　　2025 年 7 月第 1 版

　　字数：340 千字　　　　　　　　　2025 年 7 月北京第 1 次印刷

定价：89.00 元

读者服务热线：(010)81055296　印装质量热线：(010)81055316

反盗版热线：(010)81055315

前言

随着 AI 技术的不断发展和应用，越来越多的摄影师开始探索如何将 AI 技术与摄影相结合，以创作出更具创意和艺术价值的作品。

本书深入探讨 AI 生成式摄影的原理、方法和实践应用，帮助摄影师了解如何利用 AI 技术来提升作品的表现力和艺术价值。

本书是 2024 年度黑龙江省教育科学规划重点课题 "教育数字化转型背景下高校新形态数字教材建设实践研究" 阶段性成果（课题编号 GJB1424222）、2024 年度黑龙江省高等教育教学改革研究项目 "终身学习视域下 AIGC 赋能高校影视专业智慧教学模式的探索与实践" 阶段性成果。

编写目的

AI 生成式摄影是当前设计领域的一股新势力，对摄影领域的影响是深远和多方面的，既有积极的一面，也有可能带来挑战。

在传统摄影中，需要摄影师能深入了解相机的各种参数并具有丰富的拍摄经验，同时还需要具备一定的审美眼光，另外，作品成败还受到自然环境的影响。然而，利用 AI 进行摄影创作，即使没有摄影经验，也能通过简单的指令创作出令人惊叹的作品。AI 能够快速生成所需的摄影作品，只需对 AI 简单地描述拍摄需求，即可获得满足需求的摄影作品。AI 技术使得更多的人能够轻松参与到摄影创作中，充分发挥个人的创意和想象力。

本书特色

本书通过图文讲解，并结合视频操作，让读者能全面、深入地了解 AI 这一功能强大、应用广泛的图像生成技术。总的来说，本书有如下特点。

■ 30 多类摄影专题 +60 多个摄影指令 全方位精通 AI 摄影技术

AI 摄影通过人工智能技术来生成图片，是一种创新的摄影形式。在 AI 摄影中，指令起到了至关重要的作用。本书首先介绍了角度、构图、镜头、品质、光线共 60 多个摄影生成指令的用法，然后通过证件照、婚纱照、鸟瞰风光、城市乡村、鱼类等30多类摄影专题的实战，全面讲解各类常见照片的生成方法和技巧。

■ **90多个教学视频 100多个案例实战 全面提升AI摄影效率**

为了方便读者学习，全面提升摄影的效率，全书精心设置了100多个摄影生成与后期修图案例，并从中选择录制了90多个教学视频。老师的生动讲解，将有助于提高读者的学习兴趣和效率。

本书作者

本书由哈尔滨学院的杨志编写。由于作者水平有限，疏漏之处在所难免，欢迎广大读者批评指正。

目录

第 1 章　AI 摄影：
摄影也迎来了人工智能的时代

第 2 章　快速上手：Midjourney
的注册与使用指南

第 3 章　一学就会：Midjourney 指令集锦

第 7 章　AI 摄影：生成多种植物照片

第 8 章　AI 摄影：生成各类美食照片

第 9 章　AI 摄影：生成各类产品照片

第 10 章 AI 摄影：
玩转创意大片

AI 摄影：摄影也迎来了人工智能的时代

随着人工智能领域的不断拓宽和发展，摄影技术也在不断地创新。从传统的摄影到数码摄影，再到现如今的AI生成式摄影技术的发展，这些创新给摄影领域带来了非常大的冲击与影响。在新应用和新趋势下，在AI时代加速到来的背景下，摄影师们如何与AI携手并进是我们要关注的课题。

1

1.1 AI 摄影的概念

随着 AI 技术的不断发展，AI 生成式摄影已经逐渐融入我们的日常生活和各个行业之中。为了更好地对 AI 生成式摄影加以利用，我们需要了解什么是 AI 摄影及其发展与行业应用。

1.1.1 什么是 AI 生成式摄影

AI 生成式摄影是指利用人工智能技术，特别是生成对抗网络（GAN）来生成逼真的摄影作品的过程。通过训练模型，AI 能够学习并模仿现实摄影中的样式、光影效果和细节，然后生成与真实摄影作品相似的虚拟图像。这种技术可以用于创作新的摄影作品，探索不同风格和表现手法，以及辅助摄影师在后期处理中进行图像增强和修饰。AI 生成式摄影为摄影师提供了创作的新思路和工具，同时也带来了一些伦理和版权等问题。

1.1.2 发展历程

2014 年，Ian Goodfellow 提出的生成对抗网络（GAN）的概念，为后来的 AI 生成式摄影奠定了基础。随着深度学习和计算能力的提升，研究者们开始探索如何使用 GAN 来生成逼真的摄影作品。

2016 年，一篇名为 "Image-to-Image Translation with Conditional Adversarial Networks" 的论文被发表，成功应用 GAN 实现了图像风格转换。

2017 年，"Pixel Recursive Super Resolution" 等技术的研究工作进一步提高了图像生成的质量和细节。

到了 2018 年，"Progressive Growing of GANs" 的出现使得生成的图像更加逼真，且分辨率更高。

随着技术的不断进步，AI 生成式摄影开始逐渐受到关注和应用。一些平台开始提供 AI 生成式摄影的服务，用户可以通过简单的文字描述或选择风格要求，快速生成高质量的摄影作品。这些作品在细节、纹理、画面结构、色彩等方面都高度逼真，与相机拍摄的照片难以区分，如图 1-1 所示。

图 1-1

1.1.3 运作过程

AI摄影的运作过程可以分为以下几个步骤。

◇ **图像采集**：通过使用高分辨率相机或现有图片库，采集大量的图像数据，以训练人工智能模型。这些图像数据可以是同一场景不同角度、不同光线条件下的多张图片，或者是同一物体、同一主题的不同图片等。

◇ **训练模型**：使用深度学习技术训练人工智能模型。这一步需要大量的计算资源和时间，通常需要在高性能计算机上运行数天或数周。训练过程中，模型可以学习到从原始图像数据中提取有用信息的算法，以及如何将这些信息组合成具有特定风格、主题或情感的图像。

◇ **生成图像**：在模型训练完成后，输入特定的指令或关键词，模型会自动或半自动地生成符合要求的图像。这个过程可以在几秒钟或几分钟内完成，具体取决于模型的复杂性和生成图像的尺寸。

◇ **后期处理**：对于生成的图像，可能需要进行一些后期处理，如调整颜色、对比度、锐度等，以达到更好的视觉效果。

当前，AI生成式摄影作品的技术已经相当成熟，能够生成高清晰度的摄影作品，包括产品、人物和风景等各类图片，如图1-2所示。

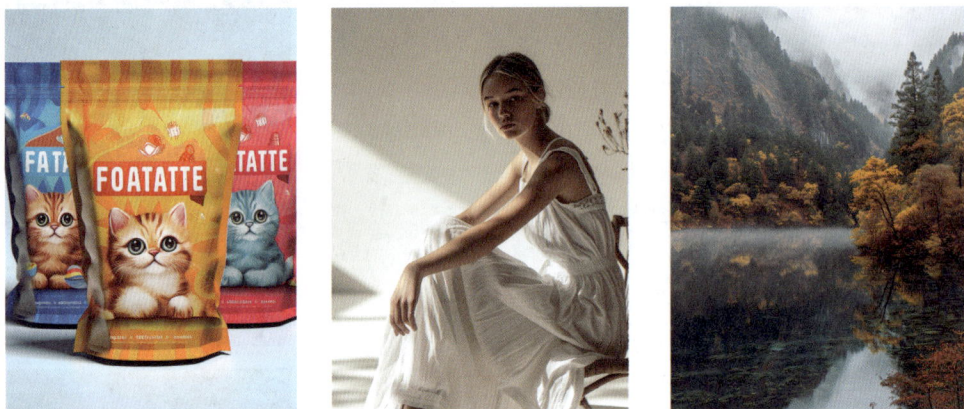

图1-2

1.2 AI摄影与传统摄影的区别

AI生成式摄影和传统摄影之间有几个主要区别。

◇ **创作方式**：传统摄影是通过摄影师使用相机捕捉真实场景的静态图像，而AI生成式摄影是通过人工智能算法生成的虚拟图像。

◇ **创作灵感**：传统摄影依赖于摄影师的视角和创造力，而AI生成式摄影则是根据训练模型中的数据和算法生成图像，缺乏主观创作的输入。

◇ **图像真实度**：传统摄影通常能够准确地捕捉真实世界的细节和色彩，而AI生成式摄影的图像可能会有一定程度的虚构和艺术化处理。

◇ **批量生成**：AI生成式摄影可以快速生成大量图像，而传统摄影通常需要摄影师花费更多的时间和精力来拍摄和后期处理。

AI摄影通过电脑生成，如图1-3所示，用户需要使用软件将想象的画面用关键词进行表达。这种方式的优点在于速度快、产量高。然而，由于受限于AI智能水平，生成的摄影作品可能与用户想象的画面完全不搭边。但也正因如此，有时会出现意想不到的惊喜。

相比之下，传统摄影采用相机来记录生活的点滴，如图1-4所示。它需要深入大自然或特定的场景中布置拍摄条件。这种方式的局限性可能在于摄影技能水平以及场景灯光等因素的限制，因此，拍摄出的图片可能无法完全达到预期的效果。但随着不断地学习和实践，我们越来越能够拍摄出具有一定水平的摄影作品。

图 1-3

图 1-4

1.3　AI 对摄影行业的提升

使用AI工具可以直接生成照片或图片，这给摄影行业或摄影从业者带来了许多效率上的提升和影响，以下是一些具体的方面。

◇ **节省时间和精力**：使用AI生成式摄影，摄影从业者可以通过文字描述快速生成高质量的图片，如图1-5所示，而无需花费大量时间和精力在拍摄和后期处理上。这使得他们可以更加专注于创意和想法的呈现，而不再被技术所限制。

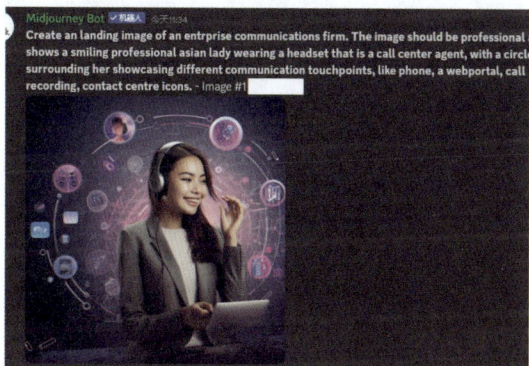

图 1-5

◇ **多样化的图片选择**：AI生成式摄影可以根据用户提供的关键字或描述，生成多种不同风格或视角的图片，如图1-6所示，从而为摄影从业者提供更多的选择。这有助于他们更快地找到最适合自己需求的图片，提高工作效率。

图1-6

◇ **拓展创作思路**：AI生成式摄影的生成过程是基于算法和人工智能的，这使得其能够产生一些独特的、具有创新性的图片，如图1-7所示。这些图片可能突破了传统摄影的限制，为摄影从业者提供了新的创作思路和可能性。

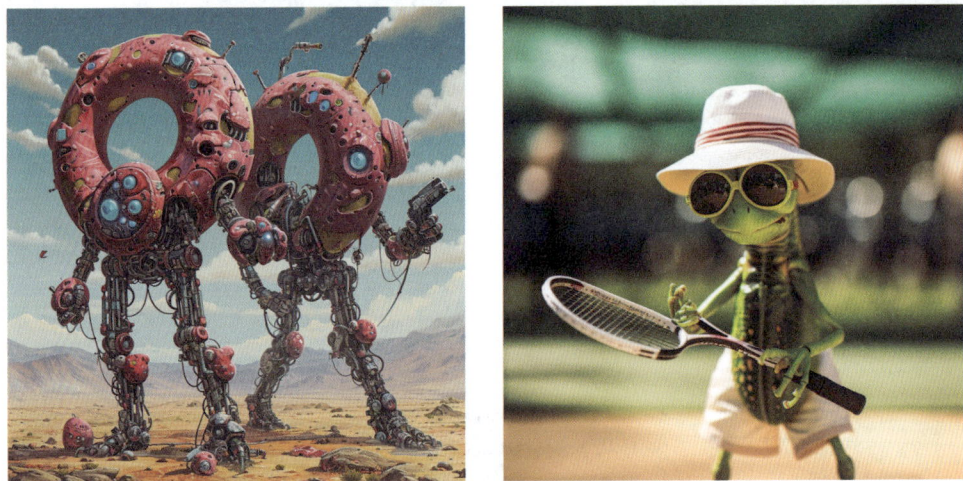

图1-7

◇ **提高商业效率**：对于商业摄影来说，传统商业摄影需要场景、工具和人力等多方面的配合，如图1-8所示。而AI生成式摄影可以帮助摄影从业者快速生成符合客户需求的图片，从而提高商业效率，如图1-9所示。客户无需等待长时间的拍摄和后期处理，也无需在大量图片中选择，从而节省了时间和成本。

然而，尽管AI生成式摄影带来了效率提升和影响，但它并不能完全取代传统的摄影方式。在一些需要独特视角、复杂的光影效果或高度个性化的场景中，传统的摄影方式仍然具有优势。因此，摄影从业者可以结合两者，使它们相辅相成，以达到更好的创作效果。

所以，作为一种新型技术，AI生成式摄影仍需要不断改进和完善，以更好地适应各行各业的发展。

图 1-8

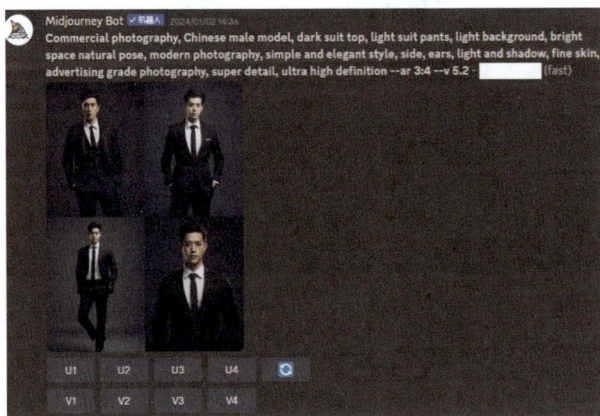

图 1-9

第 2 章

快速上手: Midjourney 的注册与使用指南

Midjourney 是一个由同名研究实验室开发的 AI 程序，自 2022 年 7 月 12 日起开始公开测试。

2

通过运用最新的 AI 技术，Midjourney 能根据用户输入的自然语言描述自动生成图片，这意味着用户无需具备任何艺术天赋或绘画技巧，只需简单地输入一段文字描述，便能创作出令人惊叹的图像。本章将介绍 Midjourney 的注册及使用方法。

2.1　注册与添加绘图机器人指南

Midjourney 是搭建在 Discord 聊天软件中运行的，所以，用户需要先注册 Discord 账号，再通过 Discord 登录 Midjourney。具体操作方法如下。

2.1.1　注册 Discord 账号

01 打开 Discord 官网，单击右上角的"Login"（注册）按钮，如图 2-1 所示。

图 2-1

02 执行操作后进入登录页面，如图 2-2 所示，输入相应的电子邮箱地址（或电话号码）、密码，完成后单击"登录"按钮即可，没有账号的用户可以单击左下角的"注册"按钮，注册一个新的账号。

03 单击"注册"按钮后将会进入"创建一个账号"页面，如图 2-3 所示，输入相应的电子邮件、用户名、密码、出生日期，并单击"继续"按钮，根据提示进行操作，即可注册 Discord 账号。

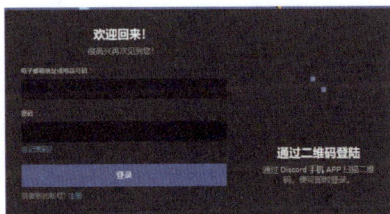

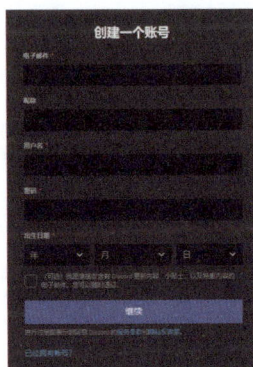

图 2-2　　　　　　　　　　　　　　图 2-3

2.1.2 创建Discord服务区

在默认情况下,用户进入Midjourney频道主页后使用的是公用服务器,由于采用公用服务器,一起参与绘画的人非常多,操作起来是非常不方便的,会导致用户很难找到自己的绘画作品。下面介绍创建Midjourney服务器的方法。

01 执行完上一节操作后将会弹出一个对话框,如图 2-4 所示,单击"亲自创建"按钮,再在弹出的对话框中单击"仅供我和我的朋友使用"按钮,如图 2-5 所示。

图 2-4

图 2-5

02 执行完上述操作后将弹出"自定义您的服务器"对话框,输入您想设定的服务器名称,单击"创建"按钮,如图 2-6 所示。

03 执行完以上操作后即可成功创建属于自己的Midjourney服务器,如图 2-7 所示。

图 2-6

图 2-7

2.1.3 为Discord添加绘图机器人

用户可以通过Discord平台与Midjourney Bot进行交互,然后提交关键词快速获得所需的图像。Midjourney Bot是一个用于帮助用户完成各种绘画任务的机器人。下面介绍添加Midjourney Bot的方法。

01 单击左上角的Discord图标 ▣ 按钮,然后单击"寻找或开始新的对话"文本框,如图 2-8 所示。

02 在弹出的对话框中输入Midjourney Bot，找到相应的选项并按Enter键，如图2-9所示。

图 2-8　　　　　　　　　　　　图 2-9

03 进入到Midjourney Bot页面后，找到Midjourney Bot的图标按钮并鼠标右键对其进行单击，在弹出的快捷键菜单中单击"个人资料"选项，如图2-10所示。

04 在弹出的对话框中单击"添加至服务器"按钮，如图2-11所示。

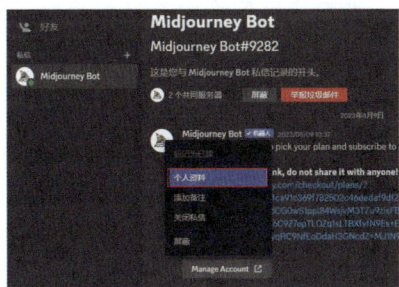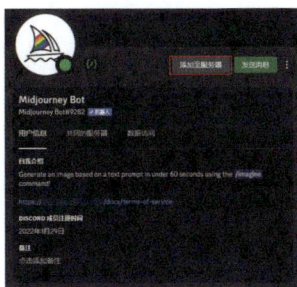

图 2-10　　　　　　　　　　　　图 2-11

05 执行操作后弹出"外部应用程序"对话框，在"添加至服务器"中选择刚才创建的服务器，并单击"继续"按钮，如图2-12所示。

06 执行操作后设置Midjourney Bot在该服务器上的权限，并单击"授权"按钮，如图2-13所示。

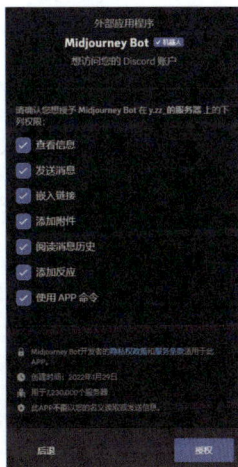

图 2-12　　　　　　　　　　　　图 2-13

07 最后需要进行"我是人类"的验证，此时会自动弹出验证码界面，按照提示进行验证完成授权。授权成功之后，即可成功将 Midjourney Bot 绘画机器人添加至自己的服务器内，如图 2-14 所示。

图 2-14

2.2 操作与初步认知

本节将了解 Midjourney 如何出图及其付费订阅和图片权益等相关内容，我们需要先了解 Midjourney 的基本运作方式，才能方便后期绘画创作。

2.2.1 摄影出图命令

Midjourney 的出图需要输入指令、运行指令和查看结果几个步骤，用户可以通过简洁的指令快速生成符合要求的摄影作品。

Midjourney Bot 出图命令

在 Midjourney 的使用中，绘图命令 /imagine 无疑是最基本也是最重要的命令，在对话框中输入你想生成的绘画的英文描述，并按 Enter 键，Midjourney 就会根据你输入的文本生成图片。

注意 Midjourney 目前还只能理解英文，因此输入的提示词（prompt）也需要使用英文。

01 进入自己的服务器中，单击聊天框"给常规#发消息"并输入"/"符号，左侧会出现 Midjourney Bot 的图标，如图 2-15 所示。

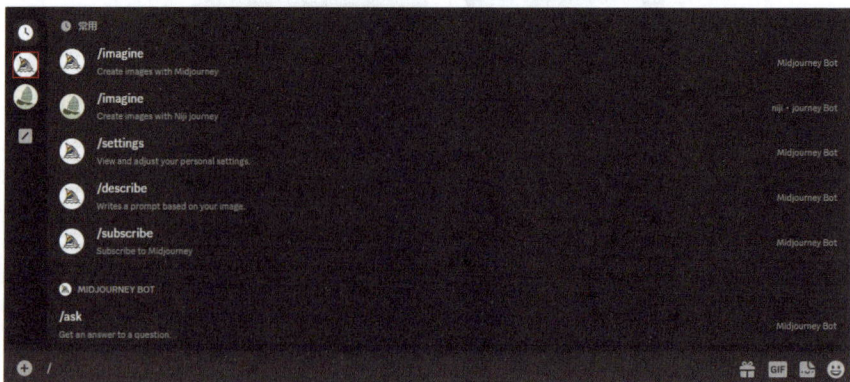

图 2-15

02 在聊天框中输入"/imagine"指令后按 Enter 键，Midjourney 会提示输入生成图片的提示词（prompt），如图 2-16 所示，在"prompt"后输入英文描述词并按 Enter 键，即可生成相应的图片。

图 2-16

2.2.2　付费和订阅

使用 Midjourney 绘画是需要进行付费的，如何付费和订阅具体如下。

01 在 Midjourney 界面的对话框中输入"/subscribe"指令，如图 2-17 所示，单击"/subscribe"指令，按 Enter 键，并单击"Manage Account"按钮进入订阅计划界面，如图 2-18 所示。

图 2-17

图 2-18

02 弹出的订阅计划界面如图 2-19 所示，在显示的页面中"Yearly Billing"是年度会员，"Monthly billing"是月度会员，下面三项分别为月度会员基础版（Basic Plan）、标准版（Standard Plan）、专业版（Pro Plan）的费用标准。各个套餐绘图的算法和功能是一样的，区别主要在于可以使用的 GPU 时间等权益上。

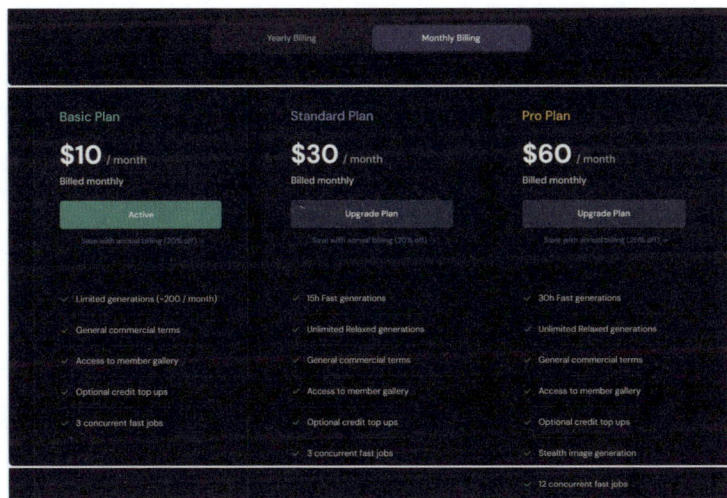

图 2-19

2.2.3　图片权益

一个大家都很关心的问题是：使用 Midjourney 生成的图片属于谁，以及是否可以用于商业目的？

Midjourney 官网上有对这个问题的详细说明。简单来说，免费用户生成的图片不属于自己，使用时要注明来源（来自 Midjourney），且不可商用；付费用户（包括基础版、标准版、专业版用户）生成的图片属于用户自己，可用作任何用途，包括商用。

2.3　掌握多种出图方式

Midjourney 绘画方式非常简单，主要取决于用户使用的关键词，但是要想创造独特、让人印象深刻的绘画作品还是需要不断地尝试和探索。本节讲解 Midjourney 的基本绘画方式，帮助大家快速掌握。

2.3.1　实战：文生图

Midjourney 主要使用文本指令和关键词来完成绘画，提示词可以非常简洁，甚至一个单词或表情符号就足以生成图片。然而，如果提示词过于简短，Midjourney 将按照默认风格美学自动填充。为了让生成的图片具有更多个性化的风格特征，你可能需要输入更详细的提示词来描述所期望的内容。

Midjourney 每次生成的图片会随机有一些变化，即使两次绘画中使用了相同的提示词，生成的图片也会不同。

如图 2-20 所示是使用 Midjourney 输入同样的提示词 "A beautiful girl in cyberpunk clothes walks on the roof, against the backdrop of the city, she is holding modern bow in hand, highly detailed drawing."（身着赛博朋克服装的美丽女孩走在屋顶上，以城市为背景，她手持现代弓，高精细绘图）两次生成的效果图片。

图 2-20

另外，提示词也不是越长越好，在大多情况下，越准确且具体的提示词会带来越好的效果，过于冗长的提示词往往会导致主题偏离。应尽量使用简洁明了的单词，突出核心概念，以增强每个单词的影响力。

在没有明确方向时，模糊表述可能会带来意外收获，缺失描述的部分将随机生成，你可以从中获取灵感，然后进一步优化提示词。这个过程就像一位工匠在不断地修改、调整、打磨自己的作品，使它逐渐趋近完美。

需要注意的是，目前 Midjourney 的提示词还只支持英文，如果你输入其他语言，它虽然不会报错，但绘画的结果将难以预料。文生图的具体用法如图 2-21 所示。

图 2-21

01 在"/imagine"指令中输入提示词：A cute kitten（一只可爱的小猫），如图 2-22 所示。

02 按 Enter 键，Midjourney 将会根据提示词生成类似下面这样的四张图片，如图 2-23 所示。

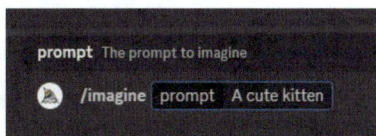

图 2-22

图 2-23

2.3.2 实战：图生图

图生图是指使用参考图的构图、风格及造型来生成自己的图片。

这种方式可以避免使用很多的描述词，比如可以用线稿来生成一幅完整的画，或者使用照片作为参考生成一幅相似的绘画。所以，在使用图生图的方式生成图像时，可以使用照片素材、自己以往的绘画作品、曾经生成比较好的图像，以生成更好的图像。具体用法如图 2-24 所示。

图 2-24

01 选择一张图片"喝可乐的女孩.jpg"，如图 2-25 所示。

图 2-25

02 启动 discord，在 Midjourney 面板中单击聊天框中的"➕"按钮，双击"上传文件"，并找到素材文件进行上传，如图 2-26 所示。

03 上传素材文件后，按 Enter 键进行发送，如图 2-27 所示，鼠标右键单击发送好的图片打开选项栏，并单击"复制链接"，如图 2-28 所示。

图 2-26

图 2-27

图 2-28

04 在Midjourney中通过"/imagine"指令输入提示图片、提示词、参数等,如图 2-29 所示。

图 2-29

🔴 **提示**

"--iw"是Midjourney的图像权重参数。"iw"表示默认20%图像,80%文字图像;"--iw 1"表示50%图像,50%文字描述;"--iw 2"表示67%图像,33%文字描述。

05 最终生成效果如图 2-30 所示。

图 2-30

2.3.3 实战:图图结合

图图结合是指使用两张参考图片生成一张图。

融合命令(/blend)可将多张图片融合为一张新图,功能与在"/imagine"命令中使用多张提示图的效果相同,但无需添加提示文本或参数。它的界面经过优化,操作直观简便,无论在移动设备还是桌面设备上都能方便地使用。但是使用"/blend"指令时不能添加其他额外的提示词,随意调整的空间不大。

01 选择两张素材图片,如图 2-31 所示。

图 2-31

02 在 Midjourney 面板中单击聊天框输入"/blend"指令，选择其中一个机器人，这里选择 Midjourney Bot，如图 2-32 所示。

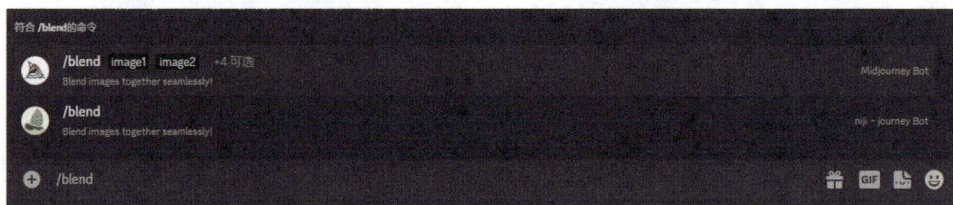

图 2-32

03 单击图标 按钮，找到素材文件上传后按 Enter 键进行发送，如图 2-33 所示。

图 2-33

04 最终生成效果如图 2-34 所示。

图 2-34

2.4 了解摄影生成的常用参数

在生成图片时，除了提示词以外，还有很多可选参数（如图 2-35 所示），通过这些参数，可以指定图像的宽高比、指定模型版本、更改图片风格等。

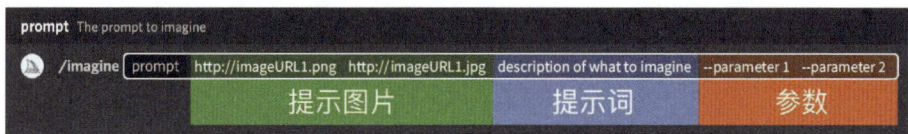

图 2-35

如图 2-36 所示，参数一般添加到提示词的末尾，多个参数之间使用空格分隔。一些系统可能会自动将两个连续的连字符（--）替换为破折号（—），不用担心，Midjourney 两种符号都可识别。

图 2-36

2.4.1 aspect ratios（纵横比）

纵横比是形如 1:2、2:3 这样的表达式，前后两个数字分别代表图片的宽和高的比例。如果不指定，默认为 1:1，即生成正方形的图像。

Midjourney 各模型版本所支持的纵横比范围有所不同，v4 版本的纵横比范围在 1:2 至 2:1 之间，而 Niji v5 模型以及 Midjourney v5 及之后的版本取消了对纵横比的限制，值可以是任意整数。纵横比会影响生成图像的形状和内容结构。在使用图片放大功能（Upscale）时，部分横纵比可能会稍有变动。

参数格式：--aspect <宽：高>（或简写为：--ar <宽：高>）

用法示例：vibrant california poppies --ar 5：4

常见纵横比（如图 2-37 所示）：

◇　1：1 默认纵横比，方形

◇　5：4 常见的框架和打印比例

◇　3：2 常见于印刷摄影

◇　7：4 常见于高清电视屏幕或智能手机屏幕

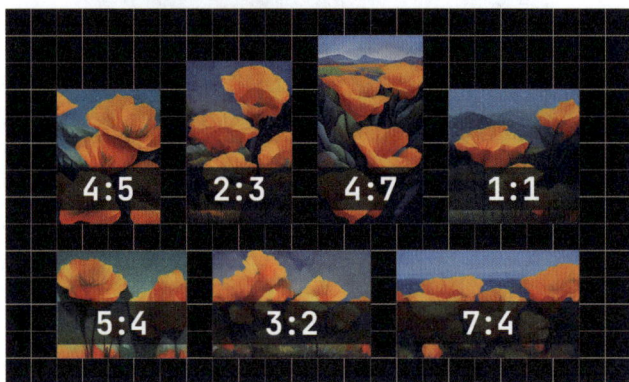

图 2-37

2.4.2　chaos（混乱度）

chaos 参数决定生成图片的变化程度。数值越高，生成的四张图片之间的风格和构图差异就越大，可能产生意想不到的组合结果；数值越低，四张图片的风格和构图上的差别就越小，生成的图片之间具有更多相似性。

参数格式：--chaos <值>（或简写为 --c <值>）

数值范围：0 ～ 100（默认值为 0）

用法示例：watermelon owl hybrid --c 50

下面我们来看几个具体的例子。

1. 低 chaos 值

提示词（省略 chaos 参数，即为默认值 0）"Watermelon owl hybrid."（西瓜猫头鹰杂交品种）生成的图片如图 2-38 所示。

图 2-38

2. 高 chaos 值

提示词 "Watermelon owl hybrid --c 50."（西瓜猫头鹰杂交品种）生成的图片如图 2-39 所示。

图 2-39

3. 非常高的 chaos 值

提示词 "Watermelon owl hybrid --c 100."（西瓜猫头鹰杂交品种）生成的图片如图 2-40 所示。

图 2-40

可以看到，chaos 值越高，生成图片的变化越丰富。在尚未确定设计方案，需要寻找灵感时，可以指定较高的 chaos 值，以产生更多变化。然而，若方案已基本确定，需要更具针对性的图片时，则可以将 chaos 值设定得较低或省略（使用默认值 0），以使生成的图片风格相近。

2.4.3 no（排除）

有时候，在生成图片时会希望生成的图片中不要出现某些元素，这时就可以使用 no 参数了。

参数格式：--no <某物>

no 参数的使用很简单，直接在后面跟随不想要的元素即可。比如生成一张蛋糕图片如图 2-41 所示，但不希望有生日蜡烛，就可以尝试在提示词末尾添加 "--no candles"，效果如图 2-42 所示。

图 2-41   图 2-42

如上两张图中的生日蛋糕是使用相同的提示词 "A birthday cake, clean background."（生日蛋糕，干净的背景）生成的，不同之处是一张图没有添加 no 参数，另一张则添加了 " --no candles "。

2.4.4　seed（种子）

在生成图片时可能会注意到，在输入提示词后，最初生成的图像往往非常模糊，随后逐步变得清晰，这是因为 Midjourney 机器人利用种子值创建视觉噪声场（类似于电视无信号时的雪花点画面）作为生成初始图像网格的起始点，然后再逐步生成图像。

seed 即 Midjourney 图像生成的初始点，默认情况下每次绘画的种子值是随机生成的，如果指定 seed 参数的值，那么在相同的种子值和提示词下会产生相似或者几乎相同的画面，利用这点可以生成连贯一致的人物形象或者场景。

参数格式：--seed <数值>

数值范围：0 ～ 4294967295 之间的整数

来看一组例子，使用同一提示词 "Celadon owl pitcher."（青瓷猫头鹰壶）以及随机种子值运行 3 次，结果如图 2-43 所示。

图 2-43

在提示词末尾加上"--seed 123"运行两次作业，结果是一样的，如图 2-44、图 2-45 所示。

图 2-44　　　　　　　　　　　　图 2-45

当生成出一组优秀的图片，想要记录下 seed 值以便分享或将来再次生成时，是否有办法知道具体的 seed 值呢？答案是肯定的。只需按照以下步骤操作，便可获取指定图像生成过程中的 seed 值。

01 在生成连续的 4 张图像之后，单击图像右上角的笑脸符号，如图 2-46 所示。

02 在弹出的窗口内搜索"envelope"，并单击第一个信封图标，如图 2-47 所示。

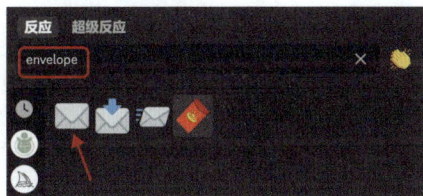

图 2-46　　　　　　　　　　　　图 2-47

03 接下来，Midjourney 机器人会发送一条私信。打开私信，即可看到本次生成所使用的 seed 值，如图 2-48 所示。

复制 seed 值（那串数字），作为下次指令中的 seed 参数，即可获得相同的图像结果。

图 2-48

2.4.5 stop（停止渲染）

stop 参数可以让图像在渲染过程中止在某一步，直接出图。如果不做任何 stop 参数设置，得到的图像是整个渲染过程已完成的效果，画面比较清晰。渲染过程的生成步数为 1～100，生成的步数越少，停止渲染的时间就越早，生成的图像也就越模糊。

参数格式：--stop <数值>

其中数值的范围为 1 ～ 100，比如使用提示词"Splatter art painting of acorns --stop 90."（橡子的溅射艺术画），图片将在 90% 进度的时候停止渲染。

如图 2-49（--stop 10）、图 2-50（--stop 20）、图 2-51（--stop 30）、图 2-52（--stop 40）、图 2-53（--stop 50）、图 2-54（--stop 60）、图 2-55（--stop 70）、图 2-56（--stop 80）、图 2-57（--stop 90）、图 2-58（--stop 100）所示是各参数值下具体的效果示例。

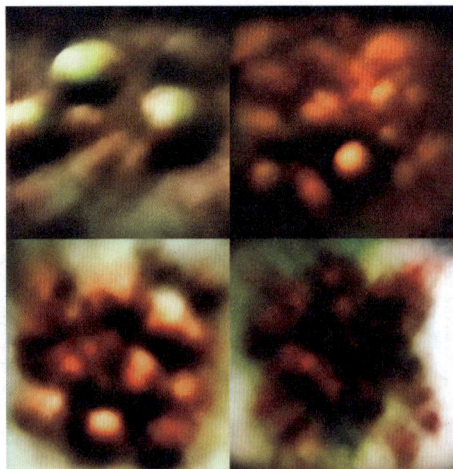

图 2-49　　　　　　　　　　　　　　　　图 2-50

图 2-51

图 2-52

图 2-53

图 2-54

图 2-55

图 2-56

图 2-57

图 2-58

可以看到，停止渲染过程中图片从模糊到逐渐清晰，使用 stop 参数可以让渲染在指定的百分比时停止。

使用 stop 参数停止渲染的图也可以进行放大（单击 U1 ～ U4 按钮），且 stop 参数的效果不会影响放大过程。不过，渲染中途停止会产生更柔和、更缺乏细节的初始图像，这将影响最终放大结果中的细节水平。如图 2-59（--stop 20）、图 2-60（--stop 80）、图 2-61（--stop 90）、图 2-62（--stop 100）所示是不同 stop 参数的图像及其放大后的效果示例。

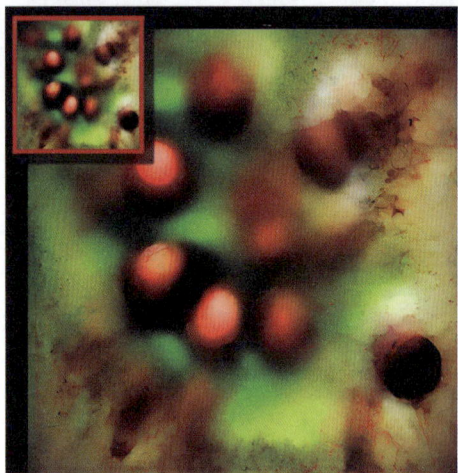

图 2-59

图 2-60

图 2-61

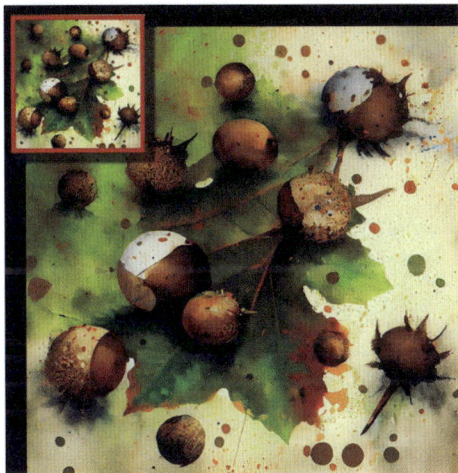

图 2-62

2.4.6　stylize（风格化）

stylize 的值表示生成图片的创造力、艺术色彩表现力、构图及风格，数值越大，赋予 AI 的发挥空间越大。

参数格式：--stylize＜数值＞（或简写为：--s＜数值＞）

数值范围：1 ～ 1000

默认数值：100

不同的 Midjourney 模型版本支持的风格化范围不同，在 v4、v5、v5.1、v5.2 中默认值为 100，数值范围 0～1000。Niji 模型暂不支持此参数。

stylize 有两种使用方式：可以在提示词末尾添加" --stylize＜数值＞"；也可以键入"/settings"并从菜单中选择自己喜欢的风格化值。如图 2-63 所示。

🖌 Style low	🖌 Style med	🖌 Style high	🖌 Style very high
--s 50	--s 100	--s 250	--s 750

图 2-63

具体示例如下。

1. v4 模型版本

如图 2-64（--stylize 50）、图 2-65(--stylize 100，默认值）、图 2-66（--stylize 250)、图 2-67（--stylize 750）所示，提示词的主体部分都是"illustrated figs"（无花果插图），只是 stylize 的值不同。

图 2-64

图 2-65

图 2-66

图 2-67

2. v5.2 模型版本

如图 2-68（--stylize 0）、图 2-69（--stylize 50）、图 2-70（--stylize 100，默认值）、图 2-71（--stylize 250）、图 2-72（--stylize 750）、图 2-73（--stylize 1000）所示，提示词的主体部分都是 "colorful risograph of figs"（彩色的无花果里索图），只是 stylize 的值不同。

图 2-68

图 2-69

图 2-70

图 2-71

图 2-72

图 2-73

2.4.7 tile（平铺）

在壁纸、布料印花、包装图案、花砖图案等设计场景中，会经常需要可用于平铺的图案。这类图案的边缘部分需要特殊处理，以便在拼接时实现平滑过渡。虽然可以通过手绘或软件处理来创建这类图案，但在 Midjourney 中生成平铺图案非常简便，只需在提示词末尾直接添加 tile 参数即可。

参数格式：--tile

tile 参数在 v4 版本和 Niji 模式下无效。

如图 2-74（未添加）、图 2-75（添加"--tile"效果）、图 2-76（添加"--tile"效果）、图 2-77（添加"--tile"效果）所示，演示了 tile 参数的效果。

图 2-74

图 2-75

图 2-76

图 2-77

2.4.8　::（权重）

在 MidJourney 中，"::"权重参数用于调整提示词的影响力。默认情况下，每个提示词的权重是相等的，但通过添加权重参数，你可以更精准地控制某个词在生成图像时的作用。如果你希望某种风格或元素在图像中更加突出，可以增加该提示词的权重，以便更好地实现你想要的效果。

使用方法：在提示词后面加上"::<数值>"，可以调整这个词的权重。

例如提示词"A girl, a large yellow rose."（一个女孩，一朵巨大的黄玫瑰）生成的效果图如图 2-78 所示。

在这个例子中，如果不添加"::"权重参数，则每个提示词的默认权重为 1，生成图像时它们的影响力相同。这意味着所有提示词的权重均等分配，没有哪个词比其他词更为突出。

图 2-78

将"a large yellow rose"权重的权重增大为 2，提示词"A girl, a large yellow rose ::2."生成的效果图如图 2-79 所示。

在这个例子中，将"a large yellow rose"的权重提升为 2，而"a girl"维持默认的权重 1，生成的图像中玫瑰的比例会相对更大，视觉上更为突出。

图 2-79

将"a large yellow rose"权重的权重增大为3，提示词"A girl, a large yellow rose ::3."生成的效果图如图2-80所示。

在这个例子中，将"a large yellow rose"的权重提升为3，而"a girl"维持默认的权重1，可以明显看出画面中的玫瑰比之前更加突出，占比更大。

图2-80

将"a large yellow rose"权重的权重增大为5，提示词"A girl, a large yellow rose ::5."生成的效果图如图2-81所示。

在这个例子中，将"a large yellow rose"的权重提高到5，而"a girl"保持默认权重1，玫瑰成了画面的主要元素。

图2-81

第 3 章

一学就会: Midjourney 指令集锦

很多跟摄影有关的词都有助于让 Midjourney 生成逼真的图片,而且还能让你的照片达到专业摄影师的水平。这样的词非常多,可以分为灯光,视角,景别,相机,镜头等几个类型。我们在本节来深入讨论。

3

3.1 摄影角度

摄影角度是指在拍摄照片时所选择的相机视觉角度和拍摄位置，不同的摄影角度可以为主题对象带来不同的视觉效果和表现形式。

3.1.1 实战：生成低角度拍摄的照片

低角度拍摄即采用仰望的视角，通过高低大小的对比，突出拍摄主体的高大感、压迫感。例如高楼等主题就比较适合采用这种仰拍的角度进行拍摄。

01 首先启动discord，进入个人创建服务器页面。

02 单击聊天对话框，选择"/imagine"文生图指令。

03 在指令框中输入英文提示词"Low-angle photo of a woman in street style, Sportmax Spring 2022 ready-to-wear fashion show --ar 3:4."（Sportmax 2022 春季成衣时装秀上一位女模特的低角度拍摄照片）。

04 按Enter键，生成的AI摄影作品如图 3-1 所示。

图 3-1

3.1.2 实战：生成高角度拍摄的照片

高角度俯拍是与低角度仰拍刚好相反的拍摄角度，一般用得最多的是从斜上方45度进行俯拍的角度。在拍摄风景的时候，高角度俯拍能够拍出更广的场景，记录地面更多的信息。

01 首先启动discord，进入个人创建服务器页面。

02 单击聊天对话框，选择"/imagine"文生图指令。

03 在指令框中输入英文提示词"High-angle view, summer sunshine, mountains and water, there is a luxurious and stately white chateau reflected in the green mountains and green water --ar 16:9."（高角度视图，夏日阳光，依山傍水，有一座奢华而庄严的白色古堡映衬在青山绿水之中）。

04 按Enter键，生成的AI摄影作品如图3-2所示。

图3-2

3.1.3 实战：生成仰视角度拍摄的照片

低角度"蚂蚁"视角，向上拍摄，腿部离镜头比较近，会显得比较长，头部和躯干离镜头比较远，会显得比较小，这样就能轻松拍出大长腿啦。仰视角度同时也适用于建筑物、树木等拍摄，以彰显建筑的威严和树木的高大。

01 首先启动discord，进入个人创建服务器页面。

02 单击聊天对话框，选择"/imagine"文生图指令。

03 在指令框中输入英文提示词"Low angle shot of the forest in the fall season, blue sky, golden leaves, forming a sharp contrast, the sunlight through the cracks of the forest, forming dazzling starbursts --ar 3:4."（低角度拍摄秋天季节的森林，湛蓝的天空，金黄的树叶，形成鲜明的对比，阳光穿过森林的缝隙，形成耀眼的星芒）。

04 按Enter键，生成的AI摄影作品如图3-3所示。

图3-3

3.1.4 实战：生成俯视角度拍摄的照片

俯视角度，也叫鸟瞰角度。在采用俯视角度拍摄的时候，可以通过一些前景的衬托，来增加场景的层次感，使画面不至于太单调。

01 首先启动discord，进入个人创建服务器页面。

02 单击聊天对话框，选择"/imagine"文生图指令。

03 在指令框中输入英文提示词"Bird's-eye view photography of female models at the Sportmax Spring 2022 ready-to-wear fashion show. --ar 3:4."（Sportmax 2022 春季成衣时装秀上俯视角度拍摄的女模特）。

04 按Enter键，生成的AI摄影作品如图3-4所示。

图 3-4

3.2 摄影构图

摄影构图是指摄影中所采用的观察角度或视角，决定了观众所看到的场景和主题的呈现方式，对画面的整体表现力和视觉效果有着重要的影响。不同的构图视角可以带来不同的观感和情感体验，我们可以根据主题和表达意图选择合适的构图视角。

3.2.1 实战：生成三分法构图照片

三分法构图又称九宫格构图，是比较常见的构图法，三分法构图就是把拍摄主体置于九宫格的任意一条三分位置，可以从视觉上让画面整体更加生动协调。

01 首先启动discord，进入个人创建服务器页面。

02 单击聊天对话框，选择"/imagine"文生图指令。

03 在指令框中输入英文提示词"Rule of thirds composition, a girl in a blue dress stands in an emerald green paddy field, with sky was clear and the breeze was warm --ar 16:9."（三分法构图，一位身着蓝色裙子的女孩站在翠绿的稻田里，天朗气清，微风和煦）。

04 按Enter键，生成的AI摄影作品如图3-5所示。

图 3-5

3.2.2 实战：生成引导线构图照片

引导线构图的关键在于引导线。借助环境延伸的引导线，把观者注意力集中到想要观者注意的位置上，营造出画面纵深效果。我们日常拍摄中常见的引导线有：马路、马路线、栏杆、走廊等。

01 首先启动discord，进入个人创建服务器页面。

02 单击聊天对话框，选择"/imagine"文生图指令。

03 在指令框中输入英文提示词"Leading lines, rows of cherry blossom trees planted on both sides of the road, blue sky, sunny day, vehicles driving by, people coming and going, 4K, panoramic photography, photography --ar 3:4."（引导线构图，马路两旁种植着一排排的樱花树，蓝色的天空，晴天，车辆驶过，人来人往，4K，全景，摄影）。

04 按Enter键，生成的AI摄影作品如图3-6所示。

图 3-6

3.2.3 实战：生成对角线构图照片

对角线构图就是将画面中两个对角相连，形成一条对角线，并把拍摄主体放在这条线上的构图方法。这样拍摄的照片更有视觉冲击感及视觉感。

[01] 首先启动discord，进入个人创建服务器页面。

[02] 单击聊天对话框，选择"/imagine"文生图指令。

[03] 在指令框中输入英文提示词"Photographing the corner of a roof, diagonal composition, simple and clean image, natural light --ar 3:4."（拍摄屋檐一角，对角线构图，画面简单干净，自然光）。

[04] 按Enter键，生成的AI摄影作品如图3-7所示。

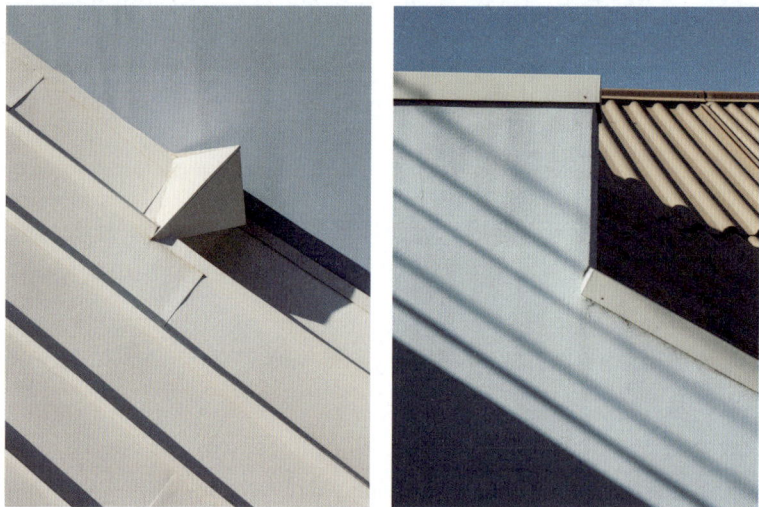

图 3-7

3.2.4 实战：生成三角形构图照片

三角形构图分为正三角、倒三角和斜三角形构图。这种构图具有一种极强的稳定感和向上的冲击力，也是人像摄影中一种典型的构图形式。在静物拍摄时，正三角形通常体现在各物体的摆放上，当物体之间存在高度差时，往往会选择将最高的物体放在中间，整体构成一个正三角形，更显静物之静。

[01] 首先启动discord，进入个人创建服务器页面。

[02] 单击聊天对话框，选择"/imagine"文生图指令。

[03] 在指令框中输入英文提示词"Photographing a cup of coffee, a croissant and a rose, triangle composition, white table, rich details, strong shine, clean background --ar 3:2."（拍摄一杯咖啡、一块牛角面包和一枝玫瑰花，三角形构图，白色餐桌，细节丰富，光泽强烈，背景干净）。

[04] 按Enter键，生成的AI摄影作品如图3-8所示。

图 3-8

3.2.5　实战：生成对称构图照片

对称构图法是让拍摄主体在画面中呈对称关系的构图方式。常见的有上下对称、左右对称，通过对称的构图可以让照片看起来更加协调和舒服。对称构图法适合拍场景空旷、大全张的场景，例如建筑、风光等。

01 首先启动 discord，进入个人创建服务器页面。

02 单击聊天对话框，选择"/imagine"文生图指令。

03 在指令框中输入英文提示词"Architectural photography, ancient Chinese architecture,Song Dynasty aesthetics, red and blue styles background, natural lighting, symmetrical compositions, cinematography, best image quality --ar 16:9."（建筑摄影、中国古建筑、宋代美学、红蓝风格背景、自然光、对称构图、电影摄影、最佳图像质量）。

04 按 Enter 键，生成的 AI 摄影作品如图 3-9 所示。

图 3-9

3.2.6　实战：生成居中构图照片

居中构图是指将主体放在画面中心，从而让画面更稳定主体更突出。采用居中构图法进行拍摄时需避免选取杂乱的背景，可以用大光圈或者长焦距让背景虚化使主体从背景中跳出来。该构图方式适合拍摄单个主体，且操作比较简单，非常适合新手使用。

01 首先启动discord，进入个人创建服务器页面。

02 单击聊天对话框，选择"/imagine"文生图指令。

03 在指令框中输入英文提示词"A black swan swimming in the middle of the lake, sparkling water, natural light, clean blue lake, Rinko Kawauchi photography style, centered composition --ar 3:4."（湖面中间游着一只黑天鹅，水面波光粼粼，自然光，蓝色湖面干净，川内伦子摄影风格，居中构图）。

04 按Enter键，生成的AI摄影作品如图3-10所示。

图 3-10

3.2.7　实战：生成留白构图照片

留白构图法也可以称为大构图，其借用了中国书法、绘画的留白概念，简单来说就是给画面做减法，减少主体在画面中的占比。采用这种构图法会让画面更加干净并且能使主体更为突出，会让照片更有故事感。

01 首先启动discord，进入个人创建服务器页面。

02 单击聊天对话框，选择"/imagine"文生图指令。

03 在指令框中输入英文提示词"A small sapling growing at the foot of the wall, clean wall background, large area blank, minimalism, natural light --ar 3:4."（一棵小树苗生长在墙脚下，干净的墙面背景，大面积留白，极简主义，自然光）。

04 按Enter键，生成的AI摄影作品如图3-11所示。

图 3-11

3.2.8　实战：生成框架构图照片

框架式构图是指拍摄时用"框架"把主体框起来，从而让画面更具空间层次感的构图方式。"框架"的选用也并不复杂，比如镜子、门窗、山洞等都可以作为"框架"来使用。

01 首先启动 discord，进入个人创建服务器页面。

02 单击聊天对话框，选择"/imagine"文生图指令。

03 在指令框中输入英文提示词"Framed composition, Chinese garden, round arch, pavilion, stone bridge, sunlight, lake, natural light, 32K UHD --ar 16:9."（框架构图，中式庭院，圆形拱门，亭台楼阁、石桥、阳光、湖水，自然光，32K超高清）。

04 按 Enter 键，生成的 AI 摄影作品如图 3-12 所示。

图 3-12

3.2.9　实战：生成前景构图照片

前景构图就是在拍摄前选择一个物体为前景进行构图的方法。实际操作时通常会将前景虚化，通过前景和主体的虚实对比，达到突出主体的目的，前景构图可以增加画面的层次感和信息量。

01 首先启动 discord，进入个人创建服务器页面。

02 单击聊天对话框，选择"/imagine"文生图指令。

03 在指令框中输入英文提示词"A beautiful 18- year old Chinese girl with short hair and leaves in the foreground, Rinko Kawauchi's style of photography::2 , no reflections, rich detail, sunlight,natural lighting, 120mm focal length --ar 3:4."（一个美丽的18岁的中国女孩，短发，前景有树叶，川内伦子的摄影风格，无反射，细节丰富，阳光，自然光线，120mm焦距）。

04 按 Enter 键，生成的 AI 摄影作品如图 3-13 所示。

图 3-13

3.2.10 实战：生成光影构图照片

光影构图是一种借助光的构图方法，通过对用光的调整，增强画面立体感，增加画面的神秘感和故事感。例如，利用集中透过的光线，形成明暗对比，再通过简化的构图，达到突出主体的目的。

01 首先启动discord，进入个人创建服务器页面。

02 单击聊天对话框，选择"/imagine"文生图指令。

03 在指令框中输入英文提示词"Backlit shot, soft light, dusk, an alleyway, a little boy walking in the light, rich details, sense of story, contrast between light and dark --ar 3:4."（背光拍摄，光线柔和，黄昏，一条小巷子里，一个小男孩走在光影中，细节丰富，故事感，亮暗对比）。

04 按Enter键，生成的AI摄影作品如图 3-14 所示。

图 3-14

3.3 渲染品质

渲染品质是指计算机图形渲染过程中所生成的图像的精致程度和真实感，高品质的渲染能够精准地模拟光照、材质以及物体的物理特性，从而使图像呈现更加逼真和细腻的效果。同时，它还能够精确地展现物体的颜色，保持色彩的鲜艳度和准确性。所以，在AI摄影中我们可以使用一些渲染提示词来增强画面的品质，求得更好的效果。

3.3.1 实战：使用物理渲染生成照片

基于物理的渲染引擎，可以模拟现实世界中的光线传输和材质表现，渲染出高度逼真的图像。

01 首先启动discord，进入个人创建服务器页面。

02 单击聊天对话框，选择"/imagine"文生图指令。

03 在指令框中输入英文提示词"Physically-based rendering, future spaceships fly in the clouds, simulating physically-based rendering effects --ar 3:2."（使用物理渲染的在云中飞行的未来飞船，模拟使用物理的渲染效果）。

04 按Enter键，生成的AI摄影作品如图3-15所示。

图 3-15

3.3.2　实战：使用虚幻引擎生成照片

模拟虚幻引擎效果能够把各种虚拟世界里的东西变得非常逼真。

01 首先启动discord，进入个人创建服务器页面。

02 单击聊天对话框，选择"/imagine"文生图指令。

03 在指令框中输入英文提示词"An armed robot warrior patrols a lively street, simulating the effect of the unreal engine Rendering --ar 3:4."（一个全副武装的机器人战士在热闹的街道上巡逻，模拟虚幻引擎的效果渲染）。

04 按Enter键，生成的AI摄影作品如图3-16所示。

图 3-16

3.3.3 实战：使用贴图映射生成照片

将一幅图像贴到三维物体的表面上来增强真实感。

[01] 首先启动discord，进入个人创建服务器页面。

[02] 单击聊天对话框，选择"/imagine"文生图指令。

[03] 在指令框中输入英文提示词"Ancient Chinese landscape pattern blue and white porcelain vase, texture mapping."（中国古代山水纹青花瓷瓶，纹理映射）。

[04] 按Enter键，生成的AI摄影作品如图3-17所示。

图 3-17

3.3.4 实战：使用Octane渲染生成照片

Octane渲染支持全局光照、折射、反射、散射、吸收等光学效果，可以渲染出各种真实场景，适用于例如自然风光、建筑设计、产品渲染等。

[01] 首先启动discord，进入个人创建服务器页面。

[02] 单击聊天对话框，选择"/imagine"文生图指令。

[03] 在指令框中输入英文提示词"A time machine that looks very complex and exquisite with many details, please simulate the effect of Octane render."（看起来非常复杂精致的时光机，细节丰富，Octane渲染效果）。

[04] 按Enter键，生成的AI摄影作品如图3-18所示。

图 3-18

3.3.5 实战：使用阿诺德渲染生成照片

阿诺德(Arnold)渲染能够产生细腻的光影效果、真实的材质表现和精准地渲染结果，使得图像看起来更加真实和引人入胜。阿诺德侧重于高质量的渲染效果，常用于电影和复杂视觉效果的制作。

🔳 首先启动discord，进入个人创建服务器页面。

🔳 单击聊天对话框，选择"/imagine"文生图指令。

🔳 在指令框中输入英文提示词"A future pink tank with many headlights, simulating the rendering effect of Arnold rendering --ar 3:2."（未来的粉色坦克，带有许多车头灯，模拟阿诺德效果图的渲染效果）。

🔳 按Enter键，生成的AI摄影作品如图3-19所示。

图 3-19

3.3.6 实战：使用C4D渲染生成照片

C4D渲染能够产生细腻的光影效果、真实的材质表现和精准地渲染结果，可以渲染出高品质的图像。

🔳 首先启动discord，进入个人创建服务器页面。

🔳 单击聊天对话框，选择"/imagine"文生图指令。

🔳 在指令框中输入英文提示词"A virtual yellow space with no living objects appearing in the scene, clean background, simulating the rendering effect of Cinema 4D --ar 3:2."（一个虚拟的黄色空间，场景中没有有生命的物体，背景画面干净，模拟 Cinema 4D 的渲染效果）。

🔳 按Enter键，生成的AI摄影作品如图3-20所示。

图 3-20

3.3.7　实战：使用建筑渲染生成照片

建筑渲染能够呈现出建筑的细节、光影效果和真实感。

01 首先启动 discord，进入个人创建服务器页面。

02 单击聊天对话框，选择"/imagine"文生图指令。

03 在指令框中输入英文提示词"A gray reinforced concrete modernist building, bathed in bright sunlight, with architectural rendering --ar 3:4."（一座灰色的钢筋混凝土现代主义建筑，阳光明媚，建筑渲染）。

04 按 Enter 键，生成的 AI 摄影作品如图 3-21 所示。

图 3-21

3.3.8　实战：使用室内渲染生成照片

室内渲染能够更好地呈现出室内场景的细节、照明效果和真实感。

01 首先启动 discord，进入个人创建服务器页面。

02 单击聊天对话框，选择"/imagine"文生图指令。

03 在指令框中输入英文提示词"Scandinavian minimalist living room with white sofa, flat background style, high definition image, simple design, corona render --ar 3:2."（北欧简约客厅，白色沙发，平面化背景风格，高清画面，简洁的设计，室内渲染）。

04 按 Enter 键，生成的 AI 摄影作品如图 3-22 所示。

图 3-22

3.4　出图品质

通过添加图片质量的描述词，能够更好地生成符合预期品质的摄影作品，从而提高AI模型的准确率和照片质量。

3.4.1　实战：生成高细节/高品质/高分辨率照片

高细节/高品质/高分辨率标准经常用在肖像、风景和产品等AI摄影中，能够提高画面细节，并能使得生成纹理展示的AI摄影作品更具表现力。

01 首先启动discord，进入个人创建服务器页面。

02 单击聊天对话框，选择"/imagine"文生图指令。

03 在指令框中输入英文提示词"Landscape photography, spring, Wuyi Mountains, China, tea plantations, clouds, natural light, high quality, high detail, high resolution --ar 3:2."（风景摄影，春天，武夷山，中国，茶园，云，自然光，高质量，高细节，高分辨率）。

04 按Enter键，生成的AI摄影作品如图3-23所示。

图 3-23

3.4.2　实战：生成HD/1080P/4K/8K照片

HD（高清）为1280像素×720像素，1080P为1920像素×1080像素，4K为3840像素×2160像素，8K为7680像素×4320像素。分辨率越高，画面质量越好，细节更清晰。

01 首先启动discord，进入个人创建服务器页面。

02 单击聊天对话框，选择"/imagine"文生图指令。

03 在指令框中输入英文提示词"Early morning, garden, dewdrops, backlight, bokeh, 8K resolution --ar 3:2."（清晨，花园，露珠，逆光，虚化，8K分辨率）。

04 按Enter键，生成的AI摄影作品如图3-24所示。

图 3-24

3.4.3 实战：生成质感皮肤照片

通过增加质感皮肤提示词，表现出人物面部皮肤上的微小细节，使得人物看起来更真实和自然。

[01] 首先启动 discord，进入个人创建服务器页面。

[02] 单击聊天对话框，选择"/imagine"文生图指令。

[03] 在指令框中输入英文提示词"Close-up of Asian girl's face, high detail, textured skin."（亚洲女孩脸部特写，高细节，质感皮肤）。

[04] 按 Enter 键，生成的 AI 摄影作品如图 3-25 所示。

图 3-25

3.4.4 实战：生成后期处理照片

摄影后期处理能够增强图像的明亮与对比度，提升图像的鲜艳度和色彩层次，使图像更清晰和平滑，同时还能赋予画面独特的风格和氛围，突出图像的主体或创造特殊的艺术效果。

[01] 首先启动 discord，进入个人创建服务器页面。

[02] 单击聊天对话框，选择"/imagine"文生图指令。

03 在指令框中输入英文提示词"Two children picking oranges in an orchard, carrying fruit baskets and wearing rain boots, sunny day, with post-processed effects --ar 3:4."（两个小孩在果园里采摘橘子，拿着果篮，穿着雨鞋，晴天，带有后期处理效果）。

04 按Enter键，生成的AI摄影作品如图3-26所示。

图 3-26

3.4.5 实战：生成杂志大片照片

杂志大片高度强调艺术性和精细的制作，具有独特的风格和视觉冲击力，将艺术与时尚完美结合。

01 首先启动discord，进入个人创建服务器页面。

02 单击聊天对话框，选择"/imagine"文生图指令。

03 在指令框中输入英文提示词"Porsche car, car motion shot, driving on the highway, no other cars, afternoon, sunlight, clean image, rich details, magazine blockbuster --ar 16:9."（保时捷汽车，汽车动态拍摄，行驶在公路上，没有其他车辆，下午，阳光，画面干净，细节丰富，杂志大片）。

04 按Enter键，生成的AI摄影作品如图3-27所示。

图 3-27

3.4.6　实战：生成电影感照片

电影感拍照能够使画面看起来更厚重、更有质感，并能增强画面的故事性，提升照片的艺术价值和视觉冲击力。

01 首先启动discord，进入个人创建服务器页面。

02 单击聊天对话框，选择"/imagine"文生图指令。

03 在指令框中输入英文提示词"A beautiful European woman sitting on a field reading a book, full body, autumn, evening sun, medieval European countryside atmosphere, literary, cinematic shot, long lens, high detail, high resolution, clean and simple image --ar 16:9."（一个美丽的欧洲女人坐在田野上看书，全身，秋天，晚霞，中世纪欧洲乡村气息，文艺，电影镜头，长镜头，高细节，高分辨率，画面干净简单）。

04 按Enter键，生成的AI摄影作品如图 3-28所示。

图 3-28

3.4.7　实战：生成获奖摄影照片

获奖摄影照片往往图像品质高，构图、光影、细节突出，色彩饱满且表现力强。

01 首先启动discord，进入个人创建服务器页面。

02 单击聊天对话框，选择"/imagine"文生图指令。

03 在指令框中输入英文提示词"Mount Fuji, Japan, first snow, Lake Kawaguchi, blue sky, sunshine, clean image, high detail, telephoto lens, award-winning photography --ar 3:4."（日本富士山，初雪，河口湖，蓝天，阳光，画面干净，高细节，长焦镜头，获奖摄影）。

04 按Enter键，生成的AI摄影作品如图3-29所示。

图 3-29

3.4.8　实战：生成商业摄影照片

商业摄影的图像品质要求高，结合专业的灯光、精细的后期，使得产品特点突出，色彩饱满且视觉冲击力强。

01 首先启动discord，进入个人创建服务器页面。

02 单击聊天对话框，选择"/imagine"文生图指令。

03 在指令框中输入英文提示词："A female model wearing a Monet's garden themed French loungewear photography, commercial photography, clothing display, sunshine, garden, French lounging style, rich details --ar 3:4."（一位女模特穿着以"莫奈的花园"为主题的法式家居服摄影，商业摄影，服装展示，阳光，花园，法式慵懒风格，细节丰富）。

04 按Enter键，生成的AI摄影作品如图3-30所示。

图 3-30

3.4.9　实战：生成《国家地理》照片

美国《国家地理》杂志创刊于1888年，经过百余年的发展，涌现了一大批优秀摄影师，而他们那些富有灵魂和激情的作品成为业界的最高标准之一，《国家地理》杂志照片拍摄风格大气，顺应自然之势，对事物本质的艺术表达合理，具有较多视觉冲击元素。

01 首先启动discord，进入个人创建服务器页面。

02 单击聊天对话框，选择"/imagine"文生图指令。

03 在指令框中输入英文提示词"A herd of zebras grazing on the African savannah, National Geographic shot, rich detail, sunlight, distant view --ar 3:2."（一群斑马在非洲大草原上吃草，《国家地理》拍摄，细节丰富，阳光，远景）。

图 3-31

3.4.10　实战：生成照相写实主义照片

照相写实主义着重于瞬间的捕捉，图像品质真实自然，细节丰富，色调真实，能更好地还原生活场景。

01 首先启动discord，进入个人创建服务器页面。

02 单击聊天对话框，选择"/imagine"文生图指令。

03 在指令框中输入英文提示词"A Chinese girl taking pictures in a park, willow tree, lake, sunny day, afternoon, 50mm, photo realism --ar 3:4."（一个中国女生在公园拍照，柳树，湖边，晴天，下午，50mm，照相写实主义）。

04 按Enter键，生成的AI摄影作品如图3-32所示。

图 3-32

3.4.11 实战：生成壁纸类型的高质量照片

壁纸类型的高质量图片要求分辨率高、清晰度高、色彩鲜艳、细节丰富。这类图片适合作为背景，具有视觉效果突出、画面干净不杂乱的特点。

01 首先启动 discord，进入个人创建服务器页面。

02 单击聊天对话框，选择"/imagine"文生图指令。

03 在指令框中输入英文提示词"High quality image of steppe with blue sky and white clouds, clean image, wallpaper type --ar 16:9."（大草原，蓝天白云，画面干净，壁纸类型的高质量照片）。

04 按 Enter 键，生成的 AI 摄影作品如图 3-33 所示。

图 3-33

3.5 镜头指令

不同的镜头能够表现出不同的效果。在 AI 摄影中，用户可以根据主题和创作需要，添加合适的镜头语言来生成自己想要的画面。

3.5.1 实战：生成镜头光晕照片

镜头光晕，经常会戏剧性地出现在逆光摄影的画面中。尤其在金属质感强的环境中，会给金属材质物体蒙上一层神秘的薄纱。

01 首先启动 discord，进入个人创建服务器页面。

02 单击聊天对话框，选择"/imagine"文生图指令。

03 在指令框中输入英文提示词"Fine art style high-angle shot from above, back-view photo of a lady takes a bicycle riding along the curvy road, sunset lighting atmosphere, lens flare, soft light, dramatic cinematic lighting, color gradient, low contrast, realism, hyperrealism, photorealistic, minimalist style, large depth of field --ar 3:4."（艺术风格高角度俯拍，一位女生骑着自行车沿着弯弯曲曲的道路骑行的背影照片，日落逆光环境下，镜头光晕独具魅力，柔和的光线，戏剧性的电影照明，颜色渐显，低对比度，写实主义，超写实主义，逼真，极简风格，大景深）。

04 按 Enter 键，生成的 AI 摄影作品如图 3-34 所示。

图 3-34

3.5.2 实战：生成卫星鸟瞰照片

卫星鸟瞰照片通过俯视视角，覆盖广阔的范围，细节清晰，通常用于展现地球的壮丽景观和地理特征。

01 首先启动 discord，进入个人创建服务器页面。

02 单击聊天对话框，选择"/imagine"文生图指令。

03 在指令框中输入英文提示词"Florida city, architecture, ocean, mountains, sunny day, clear sky, 16K, satellite image --ar 3:2."（佛罗里达城市，建筑，海洋，山脉，晴天，晴空，16K，卫星鸟瞰）。

04 按 Enter 键，生成的 AI 摄影作品如图 3-35 所示。

图 3-35

3.5.3 实战：生成微距照片

微距镜头用来拍摄近距离的小物体，细节精细、清晰，放大比例高，突出微观世界的细节和纹理。

01 首先启动discord，进入个人创建服务器页面。

02 单击聊天对话框，选择"/imagine"文生图指令。

03 在指令框中输入英文提示词"A dandelion, macro photo --ar 3:4."（一株蒲公英，微距照片）。

04 按Enter键，生成的AI摄影作品如图3-36所示。

图 3-36

3.5.4　实战：生成人眼视觉照片

人眼视觉照片是指以人眼看到的角度进行展现的照片。

01 首先启动discord，进入个人创建服务器页面。

02 单击聊天对话框，选择"/imagine"文生图指令。

03 在指令框中输入英文提示词"Seaside, summer, clean image, seagulls, sea breeze, blue sky, eye-level shot --ar 3:2."（海边，夏天，画面干净，海鸥，海风，蓝天，人眼视觉拍摄）。

04 按Enter键，生成的AI摄影作品如图3-37所示。

图 3-37

3.5.5　实战：生成指定光圈照片

光圈是镜头的光线控制机制，它决定了进入相机光量的多少。较大的光圈（较小的F值）允许较多的光线进入相机，适合在较暗的环境下拍摄，或需要浅景深效果的场景；较小的光圈（较大的F值）限制光线进入相机，适合在明亮的环境下拍摄，或需要较大景深的场景。光圈还会影响图像的背景虚化效果。

01 首先启动discord，进入个人创建服务器页面。

02 单击聊天对话框，选择"/imagine"文生图指令。

03 在指令框中输入英文提示词"Bunch of green grapes on the vine, sunshine, F22 --ar 3:2."（葡萄藤上的一串绿色葡萄，阳光，F22）。

04 按Enter键，生成的AI摄影作品如图3-38所示。

图 3-38

3.5.6　实战：生成指定焦距照片

焦距是镜头的一种光学特性，决定了摄影作品中被捕捉的景物的视角和大小。较短的焦距（广角镜头）可以捕捉更宽广的视野，适合拍摄广阔的风景、建筑物等；较长的焦距（长焦镜头）可以捕捉较远距离的景物，适合拍摄远处的动物、体育比赛等。焦距通常以毫米（mm）为单位表示。

01 首先启动discord，进入个人创建服务器页面。

02 单击聊天对话框，选择"/imagine"文生图指令。

03 在指令框中输入英文提示词"Zoo, visitors, 35mm focal length --ar 3:2."（动物园，游客，35mm焦距）。

04 按Enter键，生成的AI摄影作品如图3-39所示。

图 3-39

3.5.7 实战：生成广角镜头照片

广角镜头拥有宽广的视角，适合拍摄大范围的场景，强调景深，能拉近被摄物与背景的距离。

01 首先启动 discord，进入个人创建服务器页面。

02 单击聊天对话框，选择"/imagine"文生图指令。

03 在指令框中输入英文提示词"Sayram Lake, winding road, snowy mountains in the distance, meadow, pouring sunny day, natural light, blue sky, rich details, clean image, shot in 8K, wide angle lens --ar 3:2."（赛里木湖，蜿蜒的公路，远处雪山，草地，晴天，自然光，蓝天，细节丰富，画面干净，8K，广角镜头拍摄）。

04 按 Enter 键，生成的 AI 摄影作品如图 3-40 所示。

图 3-40

3.5.8 实战：生成移轴镜头照片

使用移轴镜头拍摄，可以改变画面的透视和聚焦区域，使拍摄的照片具有缩微模型的效果。

01 首先启动 discord，进入个人创建服务器页面。

02 单击聊天对话框，选择"/imagine"文生图指令。

03 在指令框中输入英文提示词"Tilt-shift photography, on the farm, during the warmth of spring,all the flowers blooming --ar 16:9."（移轴摄影，在农场，春暖花开的季节）。

04 按 Enter 键，生成的 AI 摄影作品如图 3-41 所示。

图 3-41

3.5.9　实战：生成鱼眼镜头照片

鱼眼镜头视角接近或等于180°的镜头，是一种极端的广角镜头，使用其进行风景拍摄时，可令景象显得更有气势，更有空间感。

01 首先启动discord，进入个人创建服务器页面。

02 单击聊天对话框，选择"/imagine"文生图指令。

03 在指令框中输入英文提示词"Fisheye lens, a beautiful little girl in the garden --ar 3:2."（鱼眼镜头，花园里的美丽小女孩）。

04 按Enter键，生成的AI摄影作品如图3-42所示。

图 3-42

3.5.10　实战：生成斜角镜头照片

使用斜角镜头拍摄的画面是偏离中心或倾斜的，充满着不稳定和不确定性。斜角镜头照片通过环境的不稳定感给观众传达不稳定的角色情绪。

01 首先启动discord，进入个人创建服务器页面。

02 单击聊天对话框，选择"/imagine"文生图指令。

03 在指令框中输入英文提示词"Dutch angle, a beautiful little girl in the garden --ar 3:2."（斜角镜头，花园里的美丽小女孩）。

04 按Enter键，生成的AI摄影作品如图3-43所示。

图 3-43

3.5.11　实战：生成视点镜头照片

视点镜头即第一人称视角镜头，是一种独特而有力的拍摄手法，能够带来强烈的代入感和情感共鸣，使观看者更加深入地体验与理解故事的主题和意义。

01 首先启动 discord，进入个人创建服务器页面。

02 单击聊天对话框，选择"/imagine"文生图指令。

03 在指令框中输入英文提示词"Driving car, cyberpunk city, dynamic, POV shot, extremely detailed, photography, realistically --ar 16:9."（驾驶汽车，赛博朋克城市，动态，视点镜头，超级细致，摄影，逼真）。

04 按 Enter 键，生成的 AI 摄影作品如图 3-44 所示。

图 3-44

3.6　相机型号

真实的照片都是由不同型号的相机拍摄的。在 Midjourney 生成图片的时候如果加入相机型号提示词，能够更好地模仿相机的拍摄风格，得到更接近真实图片的效果。

3.6.1　实战：生成尼康相机照片

尼康相机拍摄质量卓越，具有出色的性能和可靠的品质，图像细节丰富，色彩还原准确。

01 首先启动 discord，进入个人创建服务器页面。

02 单击聊天对话框，选择"/imagine"文生图指令。

03 在指令框中输入英文提示词"Two Acacia birds standing on a rock, 2 pm, sunny day, Nikon camera, ISO 5000, 1/2500, F8 --ar 3:4."（两只相思鸟站在岩石上，下午两点，晴天，尼康相机，ISO 5000, 1/2500, F8）。

04 按 Enter 键，生成的 AI 摄影作品如图 3-45 所示。

图 3-45

3.6.2 实战：生成佳能相机照片

佳能相机拍摄质量出众，具备出色的成像能力和卓越的图像处理技术，图像细腻，色彩鲜艳，动态范围广。

01 首先启动 discord，进入个人创建服务器页面。

02 单击聊天对话框，选择"/imagine"文生图指令。

03 在指令框中输入英文提示词"Girl portrait, Japanese, sun, afternoon, lawn, clean image, Canon camera, F2.8, 85mm focal length --ar 3:4."（女孩写真，日系，阳光，下午，草坪，画面干净，佳能相机，F2.8，85mm 焦距）。

04 按 Enter 键，生成的 AI 摄影作品如图 3-46 所示。

图 3-46

3.6.3 实战：生成富士相机照片

富士相机拍摄质量卓越，色彩细腻且自然，动态范围宽广，细节丰富，独特的色调模拟使其在摄影界备受称赞。

01 首先启动 discord，进入个人创建服务器页面。

02 单击聊天对话框，选择 "/imagine" 文生图指令。

03 在指令框中输入英文提示词 "Street, greenery, tree shadows, summer, afternoon, pedestrians, sense of storytelling, rich in detail, Fujifilm camera, F2.8 --ar 3:2."（街道，绿荫，树影，夏天，下午，行人，故事感，细节丰富，富士相机，F2.8）。

04 按 Enter 键，生成的 AI 摄影作品如图 3-47 所示。

图 3-47

3.6.4 实战：生成哈苏相机照片

哈苏相机拍摄质量卓越，图像细节丰富，色彩还原精准，动态范围广，适用于专业摄影和高要求的图像捕捉。

01 首先启动 discord，进入个人创建服务器页面。

02 单击聊天对话框，选择 "/imagine" 文生图指令。

03 在指令框中输入英文提示词 "Meili Snow Mountain, the sun shines on the golden mountain, taken with a Hasselblad camera --ar 3:2."（梅里雪山，日照金山，哈苏相机拍摄）。

04 按 Enter 键，生成的 AI 摄影作品如图 3-48 所示。

图 3-48

3.6.5　实战：生成徕卡黑白相机照片

徕卡黑白相机拍摄质量卓越，擅长捕捉黑白影像的独特魅力和情感，图像纯净，细节丰富，表现力强。

01 首先启动discord，进入个人创建服务器页面。

02 单击聊天对话框，选择"/imagine"文生图指令。

03 在指令框中输入英文提示词"Architecture with Spiraling historic staircase, Leica M Monochrom --ar 3:2."（螺旋复古阶梯的建筑，徕卡黑白相机）。

04 按Enter键，生成的AI摄影作品如图3-49所示。

图 3-49

3.6.6　实战：生成拍立得相机照片

拍立得的 Midjourney 风格有点类似于使用傻瓜相机拍出的照片，但是颜色会更加柔和，画面复古而梦幻，偶尔还会得到一张带有宝丽来标志性的白色边框的照片。

01 首先启动discord，进入个人创建服务器页面。

02 单击聊天对话框，选择"/imagine"文生图指令。

03 在指令框中输入英文提示词"Polaroid camera photo of a child , clutching a ice cream cone --ar 3:2."（宝丽来相机拍摄的一个小孩，手里拿着一个冰激凌甜筒）。

04 按Enter键，生成的AI摄影作品如图 3-50 所示。

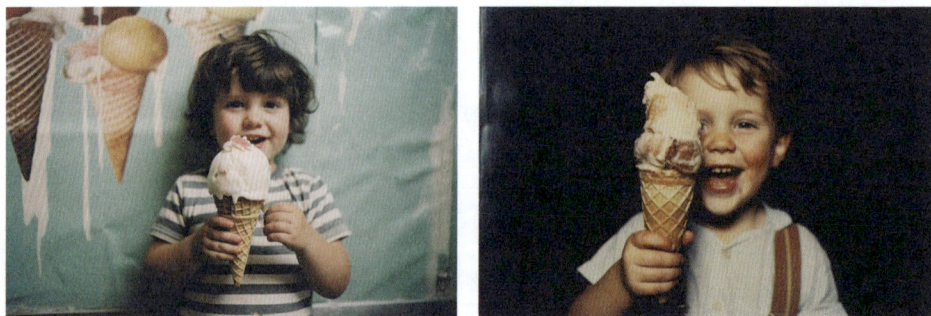

图 3-50

3.6.7　实战：生成运动相机照片

通常，运动时常用来进行拍摄的相机有Gopro Hero/DJI Osmo/Insta360等。大多数运动相机都有超广角的镜头，使用这种镜头拍出的照片，图像中心被放大，边缘有变形的效果。这种效果可以让观众拥有第一人称视角，感觉身临其境。

01 首先启动discord，进入个人创建服务器页面。

02 单击聊天对话框，选择"/imagine"文生图指令。

03 在指令框中输入英文提示词"A young woman, mountain biking on a serpentine mountain road, golden hour, Gopro Hero --ar 3:4."（年轻女子在蛇形山路上骑山地自行车，黄金时段，Gopro Hero 拍摄）。

04 按Enter键，生成的AI摄影作品如图 3-51 所示。

图 3-51

3.6.8　实战：生成无人机照片

无人机超越了对摄影师的物理限制，可以从更高的视角进行拍摄创作，拍摄的图片往往会带来意想不到的艺术效果。

01 首先启动discord，进入个人创建服务器页面。

02 单击聊天对话框，选择"/imagine"文生图指令。

03 在指令框中输入英文提示词"The woods, the winding paths, the morning light, drone photography --ar 3:2."（树林，蜿蜒的小路，晨光，无人机拍摄）。

04 按Enter键，生成的AI摄影作品如图 3-52所示。

图 3-52

3.7 光线表现

在使用AI生成摄影作品时，可以通过光线指令来控制光线的方向、强度、颜色、阴影等，从而生成更加真实生动、有层次的图像效果。

3.7.1 光线指令

摄影打光是指通过灯光的运用来控制拍摄场景的光线和阴影。在使用Midjourney制图时，我们可以通过添加提示词来达到所需要的照明效果。

1. 实战：生成明亮的自然光照片

明亮的自然光适用于多种画面场景，能够让画面变得明亮清晰，使画面色彩真实明亮。

01 首先启动discord，进入个人创建服务器页面。

02 单击聊天对话框，选择"/imagine"文生图指令。

03 在指令框中输入英文提示词"A running little boy with great detail, clean image, photography, bright natural light."（一个奔跑中的小男孩，细节丰富，画面干净，摄影，明亮的自然光线）。

04 按Enter键，生成的AI摄影作品如图3-53所示。

图 3-53

2. 实战：生成逆光照片

逆光指的是光线的照射方向与照相机的拍摄方向相反。逆光拍摄可使画面轮廓清晰，层次丰富，会有明显的明暗反差。

01 首先启动discord，进入个人创建服务器页面。

02 单击聊天对话框，选择"/imagine"文生图指令。

03 在指令框中输入英文提示词"A running little boy with great detail, clean image, backlighting, photography."（一个奔跑中的小男孩，细节丰富，画面干净，逆光，摄影）。

04 按Enter键，生成的AI摄影作品如图 3-54 所示。

图 3-54

3．实战：生成侧光照片

从被摄对象的左或右侧打来的光线为侧光。侧光可以使主体产生强烈的明暗对比效果，使画面呈现出较强的立体感、造型感和质感。

01 首先启动 discord，进入个人创建服务器页面。

02 单击聊天对话框，选择"/imagine"文生图指令。

03 在指令框中输入英文提示词"A boy sitting on the grass, green trees, sunlight, rich details, clean image, raking light, 8K."（一个男孩坐在草地上，绿树，阳光，细节丰富，画面干净，侧光，8K分辨率）。

04 按Enter键，生成的AI摄影作品如图 3-55 所示。

图 3-55

4．实战：生成边缘光照片

边缘光拍摄是指在被摄对象的背后放置光源，让光线勾画出被摄对象的轮廓，从而可以很好地使人物从背景中分离出来。

01 首先启动discord，进入个人创建服务器页面。

02 单击聊天对话框，选择"/imagine"文生图指令。

03 在指令框中输入英文提示词"Female model, white dress, long hair, edge light, clean background, 50mm focal length."（女模特，白色裙子，长发，边缘光，干净背景，50mm焦距）。

04 按Enter键，生成的AI摄影作品如图3-56所示。

图 3-56

5．实战：生成轮廓光照片

轮廓光是对着照相机方向照射的光线，呈逆光效果。轮廓光起到勾画被摄对象轮廓的作用，将主体和背景分离。

01 首先启动discord，进入个人创建服务器页面。

02 单击聊天对话框，选择"/imagine"文生图指令。

03 在指令框中输入英文提示词"Delicate male face, facial profile, black and white photography, contour light."（精致的男性面部，面部轮廓，黑白摄影，轮廓光）。

04 按Enter键，生成的AI摄影作品如图 3-57所示。

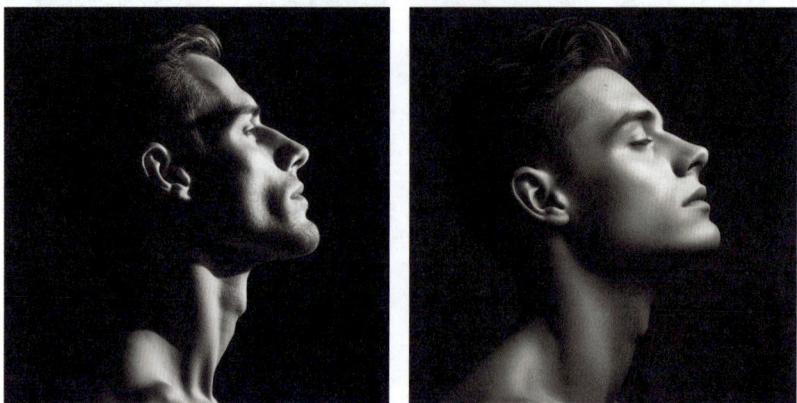

图 3-57

3.7.2 特殊光线指令

1. 实战：生成赛博朋克风格灯光照片

赛博朋克风格的摄影灯光独特，色彩鲜艳，强调对比和高光，多利用荧光色彩和冷色调来营造未来科技感和独特的氛围。

01 首先启动 discord，进入个人创建服务器页面。

02 单击聊天对话框，选择"/imagine"文生图指令。

03 在指令框中输入英文提示词"Naturalistic cityscape, architecture, nightscape, mainly deep red and deep blue , lighting, punk rock aesthetic, cyberpunk lighting, 20 megapixels --ar 3:2."（自然主义的城市景观，建筑，夜景，深红和深蓝为主，灯光，朋克摇滚美学，赛博朋克灯光，2000 万像素）。

04 按 Enter 键，生成的 AI 摄影作品如图 3-58 所示。

图 3-58

2. 实战：生成冷光霓虹灯照片

冷光霓虹灯风格的摄影作品具有独特的冷色调，利用霓虹灯的冷光营造出神秘感、现代感和都市夜晚的氛围，突出鲜艳的色彩对比。

01 首先启动 discord，进入个人创建服务器页面。

02 单击聊天对话框，选择"/imagine"文生图指令。

03 在指令框中输入英文提示词"Street after the rain, pedestrians with umbrellas, neon lights reflecting beautifully in the rain, mainly blue color, cold neon lights --ar 3:2."（雨后的街道，撑伞的行人和霓虹灯在雨水反射下美轮美奂，蓝色为主，冷光霓虹灯）。

04 按 Enter 键，生成的 AI 摄影作品如图 3-59 所示。

图 3-59

3. 实战：生成工作室照明灯照片

将光源放置在专用的摄影工作室中，通过精细的照明来打造出层次丰富、质感细腻的布光效果。

01 首先启动discord，进入个人创建服务器页面。

02 单击聊天对话框，选择"/imagine"文生图指令。

03 在指令框中输入英文提示词"International male model, fashion shoot, photography studio, high class, simple and clean, art, magazine, studio lighting --ar 3:4."
（国际男模特，时尚大片，摄影工作室，高级感，简单干净，艺术，杂志，工作室照明）。

04 按Enter键，生成的AI摄影作品如图3-60所示。

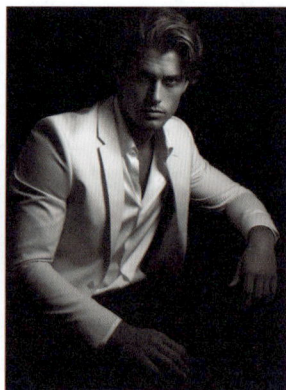

图 3-60

4. 实战：生成昏暗灯光照片

昏暗的灯光风格摄影，创造出神秘、浪漫的氛围，其通过柔和的光线和阴影，营造出深沉、引人入胜的景观。

01 首先启动discord，进入个人创建服务器页面。

02 单击聊天对话框，选择"/imagine"文生图指令。

03 在指令框中输入英文提示词"Candlelight dinner, table, candles, roses, ambiance, romance, steak, wine, dim lighting, warm colors."（烛光晚餐，餐桌，蜡烛，玫瑰，氛围，浪漫，牛排，红酒，昏暗的灯光，暖色为主）。

04 按Enter键，生成的AI摄影作品如图3-61所示。

图 3-61

5. 实战：生成戏剧性灯光照片

戏剧性灯光指通过精心设计和调整照明创造出的具有戏剧性效果的灯光，这种照明常常使用强烈的光源，具有明暗对比和阴影效果。

01 首先启动 discord，进入个人创建服务器页面。

02 单击聊天对话框，选择"/imagine"文生图指令。

03 在指令框中输入英文提示词"Drama performance, stage design,drama, sense of story, atmosphere, simple, dramatic lighting --ar 3:2."（话剧表演，舞台设计，戏剧，故事感，氛围，简单，戏剧性的灯光）。

04 按 Enter 键，生成的 AI 摄影作品如图 3-62 所示。

图 3-62

6. 实战：生成电影光照片

电影光指通过特殊的照明技术和技巧来创造类似电影效果的照明氛围，这样的照明能够创造出戏剧性、浪漫、神秘或引人注目的效果。

01 首先启动 discord，进入个人创建服务器页面。

02 单击聊天对话框，选择"/imagine"文生图指令。

03 在指令框中输入英文提示词"Cinematic light, sunshine, Beijing Hutong --ar 3:2."（电影光，阳光，北京胡同）。

04 按Enter键，生成的AI摄影作品如图3-63所示。

图 3-63

7. 实战：生成伦勃朗布光法照片

伦勃朗光又称为三角光，在摄影中通过侧面光源在人物脸上形成倒三角形光斑，增强面部立体感，营造戏剧性效果。这种效果在摄影中的运用，能够通过光影对比突出人物的内心深度和表情细节。

01 首先启动discord，进入个人创建服务器页面。

02 单击聊天对话框，选择"/imagine"文生图指令。

03 在指令框中输入英文提示词"A woman, Rembrandt lighting."（一个女人，伦勃朗布光）。

04 按Enter键，生成的AI摄影作品如图3-64所示。

图 3-64

8. 实战：生成黄昏射光照片

黄昏射光风格摄影，利用夕阳的柔和光线，营造出温暖、浪漫的氛围，突出主体，创造出柔美的光影效果。

01 首先启动 discord，进入个人创建服务器页面。

02 单击聊天对话框，选择"/imagine"文生图指令。

03 在指令框中输入英文提示词"Crepuscular ray, forest."（黄昏射光，森林）。

04 按 Enter 键，生成的 AI 摄影作品如图 3-65 所示。

图 3-65

9. 实战：生成抑郁氛围照片

抑郁氛围风格摄影，运用暗淡色调和阴影，表达出沉重、忧郁的情绪，创造出充满思考和哲学感的影像。

01 首先启动 discord，进入个人创建服务器页面。

02 单击聊天对话框，选择"/imagine"文生图指令。

03 在指令框中输入英文提示词"Moody atmosphere, sad, a cute girl --ar 3:2."（情绪低落、悲伤、可爱的女孩）。

04 按 Enter 键，生成的 AI 摄影作品如图 3-66 所示。

图 3-66

10. 实战：生成闪光灯光照片

闪光灯光风格摄影，利用强烈的闪光灯效果，突出主体，增加画面的层次感和动感，创造出鲜明、生动的视觉效果。

01 首先启动 discord，进入个人创建服务器页面。

02 单击聊天对话框，选择"/imagine"文生图指令。

03 在指令框中输入英文提示词"Actors, receiving awards, red carpet, shimmering light --ar 3:2."（演员、领奖、红地毯、闪光灯光）。

04 按 Enter 键，生成的 AI 摄影作品如图 3-67 所示。

图 3-67

3.8 材质表现

在 AI 摄影中，通过增加材质指令，可以更真实地模拟出物体的表面质地和纹理，从而增强图像的真实感，使图像中的物体更加突出。同时，材质指令还可以帮助捕捉到更多的细节，比如物体的纹理、划痕、光泽等。

3.8.1 实战：生成大理石照片

大理石属于天然石材，具有独特的纹理和质感，常用于建筑、雕塑和装饰等领域。

01 首先启动 discord，进入个人创建服务器页面。

02 单击聊天对话框，选择"/imagine"文生图指令。

03 在指令框中输入英文提示词"Marble texture, jazz white --ar 3:4."（大理石纹理，爵士白）。

04 按 Enter 键，生成的 AI 摄影作品如图 3-68 所示。

图 3-68

3.8.2 实战：生成金属照片

金属材料具有高强度和导电性等特点，包括铁、铝、钢等，广泛用于制造工业产品和装饰品。

01 首先启动discord，进入个人创建服务器页面。

02 单击聊天对话框，选择"/imagine"文生图指令。

03 在指令框中输入英文提示词"A silver balloon dog toy in silver metal with chrome reflections and a white background --ar 3:4."（一个银色气球狗玩具，银色金属材质，采用镀铬反光，白色背景）。

04 按Enter键，生成的AI摄影作品如图3-69所示。

图 3-69

3.8.3 实战：生成实木照片

实木材料一般指由天然木材加工而成的材料，保留了木材的纹理和质感，常用于家具制作和室内装饰。

01 首先启动discord，进入个人创建服务器页面。

02 单击聊天对话框，选择"/imagine"文生图指令。

03 在指令框中输入英文提示词"Fierce eagle made of lacquered polished walnut burl and mahogany, dynamic contrast, depth mapped --ar 3:4."（由涂漆抛光胡桃木节和桃花心木制作的凶猛老鹰雕塑，动态对比，深度映射）。

04 按Enter键，生成的AI摄影作品如图3-70所示。

图 3-70

3.8.4　实战：生成膏体材质照片

膏体材质是一种半流体的材质，类似于胶状物质，常用于化妆品、润滑剂和工业制品的生产中。

01 首先启动 discord，进入个人创建服务器页面。

02 单击聊天对话框，选择"/imagine"文生图指令。

03 在指令框中输入英文提示词"Product photography, top view, surface coated with light blue frosting paste ::3, bright, matte texture with delicate gloss, ultra-fine details, close-up, smooth, realistic style --ar 3:4."（产品摄影，俯视图，表面涂有淡蓝色糖霜膏，明亮，膏体材料，有细腻的光泽感，细节超精细，特写，丝滑，逼真的写实风格）。

04 按 Enter 键，生成的 AI 摄影作品如图 3-71 所示。

图 3-71

3.8.5　实战：生成美妆成分照片

美妆分子材质属于微小的化妆品成分，可以经皮肤渗透，具有保湿、抗衰老和修复等功效。

01 首先启动 discord，进入个人创建服务器页面。

02 单击聊天对话框，选择"/imagine"文生图指令。

03 在指令框中输入英文提示词"Transparent gloss bubble, sodium hyaluronate, oily material, multi-level, multiple water beads connected, yellow glow, style in surreal still life composition, Macro photography, extreme close-up, realistic, detail rendering, 3D illusion, high quality detail --ar 3:4."（透明光泽气泡、透明质酸钠、油性材料、多层次、多个水珠相连、黄色光芒、超现实静物构图风格、微距摄影、极致特写、逼真、细节渲染、3D幻觉、高品质细节）。

04 按 Enter 键，生成的 AI 摄影作品如图 3-72 所示。

图 3-72

3.8.6 实战：生成毛绒材质照片

毛绒材料多指柔软的纤维材料，如绒布、绒毛等，常用于玩具、家居用品和服装等的制作。

01 首先启动 discord，进入个人创建服务器页面。

02 单击聊天对话框，选择"/imagine"文生图指令。

03 在指令框中输入英文提示词"Brown and white, close-up of furry fabric resembling plush material, rendered in Octane Render, featuring an animal fur texture reminiscent of a mink hat --ar 3:4."（棕色和白色，类似毛绒材料的毛茸茸织物特写，在 Octane Render 中渲染，具有让人联想到貂皮帽的动物毛皮纹理）。

04 按 Enter 键，生成的 AI 摄影作品如图 3-73 所示。

图 3-73

3.8.7 实战：生成镭射照片

镭射材料是利用多重与动态成像等技术制造的具有激光镭射效果的特殊材料，常用于装饰、印刷和艺术品制作。

01 首先启动 discord，进入个人创建服务器页面。

02 单击聊天对话框，选择"/imagine"文生图指令。

03 在指令框中输入英文提示词"Laser style gradient, 3D rendering of plastic fabric, cold metallic textures, high reflection, gradient, clean background, close-up photo, high detail, hyper quality, fantastic realism, Surrealism, Quixel Megascans Render, V-Ray, microscopic view, soft illumination --ar 3:4."（镭射风格渐变，塑料织物 3D 渲染，冷金属纹理，高反射，渐变，干净背景，特写照片，高细节，超品质，梦幻般的现实主义，超现实主义，Quixel Megascans 渲染，V-Ray 渲染，微观视图，柔和照明）。

04 按 Enter 键，生成的 AI 摄影作品如图 3-74 所示。

图 3-74

3.8.8 实战：生成PVC照片

PVC是聚氯乙烯的英文缩写，是一种常见的塑料材料，具有耐用、防水和易加工等特点，广泛应用于建筑、家居、包装等领域。

01 首先启动discord，进入个人创建服务器页面。

02 单击聊天对话框，选择"/imagine"文生图指令。

03 在指令框中输入英文提示词"Transparent PVC material, solid color background, medium angle, wide zoom, 3D, C4D, Ocean Render, Blender, natural light, shadow, edge light, very high detail, complex detail, HD 16K resolution processing, ultra-wide Angle --ar 3:4."（透明 PVC 材质，纯色背景，中等角度，大变焦，3D，C4D，Ocean Render，Blender，自然光，阴影，边缘光，极高细节，复杂细节，高清 16K 分辨率处理，超广角）。

04 按Enter键，生成的AI摄影作品如图 3-75 所示。

图 3-75

3.8.9 实战：生成绸缎布料照片

绸缎是一种具有独特光泽和质感的面料，被广泛用于高档服装、家居用品和工艺品等领域。绸缎以真丝为原料，其质地柔软光滑，手感细腻，色泽亮丽，具有很高的舒适度和保暖性。

01 首先启动discord，进入个人创建服务器页面。

02 单击聊天对话框，选择"/imagine"文生图指令。

03 在指令框中输入英文提示词"Satin fabric, fabric, soft, light pink and white gradient, translucent, pearlescent, HD photography, soft light, shallow depth of field, top view --ar 3:4."（绸缎布料，织物，柔软，浅粉色和白色渐变、半透明、珠光、高清摄影，柔光，浅景深，俯视图）。

04 按Enter键，生成的AI摄影作品如图 3-76 所示。

图 3-76

3.8.10　实战：生成塑料袋照片

塑料袋是由塑料制成的薄膜，轻便、柔软、防水，常用于包装、制造垃圾袋和购物袋等。

01 首先启动discord，进入个人创建服务器页面。

02 单击聊天对话框，选择"/imagine"文生图指令。

03 在指令框中输入英文提示词"Plastic bags, in the style of hyperrealism, multi-colored, minimalism, black background, organic shapes --ar 3:4."（塑料袋，超现实主义风格，多色，极简主义，黑色背景，有机形态）。

04 按Enter键，生成的AI摄影作品如图3-77所示。

图 3-77

3.8.11　实战：生成充气膨胀照片

充气膨胀材料是一种可以通过注入气体或液体使其膨胀的材料，常用于制作气垫、充气玩具等充气设备。

01 首先启动discord，进入个人创建服务器页面。

02 单击聊天对话框，选择"/imagine"文生图指令。

03 在指令框中输入英文提示词"furniture design, armchair, inflatable, Fluorescent Purple inside, transparent, concept product design, futuristic, modern, plain studio background, studio lighting, 50mm, super detailed, realistic, photography, UHD, --ar 3:4."（家具设计，扶手椅，充气，内荧光紫，透明，概念产品设计，未来主义，现代，普通摄影棚背景，摄影棚照明，50mm，超精细，逼真，摄影，超高清）。

04 按Enter键，生成的AI摄影作品如图3-78所示。

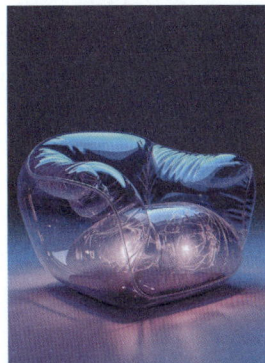

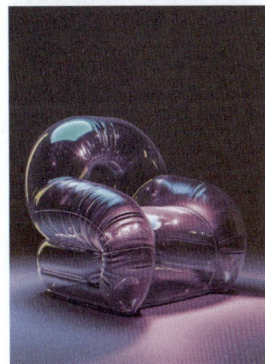

图 3-78

第 4 章

AI 摄影: 生成人像照片

　　传统人像摄影中, 需要使用相机和模特进行拍摄, 而现在随着人工智能技术的发展, 能够通过 AI 算法生成非常逼真的人像照片。总的来说, Midjourney 生成式人像摄影是利用人工智能技术对人像照片进行生成和处理, 以获得高质量和逼真的照片效果。本章将讲解如何使用 Midjourney 生成自己想要的人像照片效果。

4

4.1 初步生成人像

摄影主体描述是指通过文字或语言来描述摄影作品中的主体或主题。它可以包括主体的外观、特征、表情、动作、背景等方面的描述，以便读者或观众能够更好地理解和感受摄影作品所要表达的意境与情感。

4.1.1 人物角度

在使用 AI 生成人物图片时，我们可以通过设置角度提示词来精确控制所生成的人物角度，从而获得更加自然和逼真的人物姿态。

1. 实战：正面

最自然的角度——水平视角，这样的照片会显得比较真实，因为其跟人的视线保持同一水平线，会有比较强的代入感。

01 首先启动 discord，进入个人创建服务器页面。

02 单击聊天对话框，选择"/imagine"文生图指令。

03 在指令框中输入英文提示词"Frontal portrait of a woman at the Sportmax Spring 2022 ready-to-wear fashion show --ar 3:4."（女性正面照，Sportmax 2022 春季成衣时装秀）。

04 按 Enter 键，生成的 AI 摄影作品如图 4-1 所示。

图 4-1

2. 实战：全身

全身照也称为全身生活彩色照，是被摄者由头至脚的全身、正面、站立的彩色照片。

01 首先启动 discord，进入个人创建服务器页面。

02 单击聊天对话框，选择"/imagine"文生图指令。

03 在指令框中输入英文提示词"A 20-year-old Chinese girl, fashion earrings, skirt, curly hair, sandal, pure white background, photography, full-body shot, front view, 8K, hyper quality --ar 3:4."（一个20岁的中国女孩，时尚耳环，裙子，卷发，凉鞋，纯白背景，摄影，全身拍摄，正面，8K，超高画质）。

04 按Enter键，生成的AI摄影作品如图4-2所示。

3．实战：半身

半身照是指拍摄人体上半部分的照片，通常包括头部、上身和一部分腰部。半身拍摄使人物的身体比例和细节都能够非常清晰。

01 首先启动discord，进入个人创建服务器页面。

02 单击聊天对话框，选择"/imagine"文生图指令。

03 在指令框中输入英文提示词"An Asian girl, outdoors, natural light, side view, half-length portrait, hands, waist, wearing a dress, 8K, ultra-high resolution --ar 3:4."（一个亚洲女孩，户外，自然光，侧面视角，半身照，手，腰，穿着连衣裙，8K，超高画质）。

04 按Enter键，生成的AI摄影作品如图4-3所示。

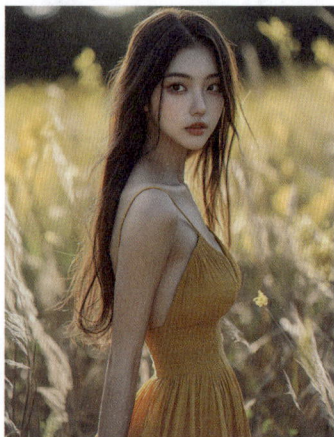

图 4-2

图 4-3

4. 实战：腰部

腰部拍摄就是对腰以上的位置进行拍摄，能够保留女性的曲线美感，同时还能保留人物面部的细节。

01 首先启动 discord，进入个人创建服务器页面。

02 单击聊天对话框，选择"/imagine"文生图指令。

03 在指令框中输入英文提示词"20-year-old Chinese girl, fashion earrings, skirt, straight hair, pure white background, photography, 8K, hyper quality --ar 3:4."（20 岁中国女孩，时尚耳环，裙子，直发，纯白背景，摄影，8K，超高画质）。

04 按 Enter 键，生成的 AI 摄影作品如图 4-4 所示。

图 4-4

5. 实战：侧面

侧面拍摄的方向感极强，对观众有一个方向上的引导，利于勾勒人物的脸部轮廓线。

01 首先启动 discord，进入个人创建服务器页面。

02 单击聊天对话框，选择"/imagine"文生图指令。

03 在指令框中输入英文提示词"Profile shot of woman, Sportmax Spring 2022 ready-to-wear fashion show --ar 3:4."（女性侧面照，Sportmax 2022 春季成衣时装秀）。

04 按 Enter 键，生成的 AI 摄影作品如图 4-5 所示。

图 4-5

6. 实战：背影

背面拍摄，顾名思义就是从人物的背后进行拍摄。背面拍摄的好处在于观者无法看到人物的面部表情，因而常常能够引发观者的联想，给观众以想象的空间。

01 首先启动discord，进入个人创建服务器页面。

02 单击聊天对话框，选择"/imagine"文生图指令。

03 在指令框中输入英文提示词"Back-angle shot, woman street photography, Sportmax Spring 2022 fashion show --ar 3:4."（背影拍摄，女性街拍，Sportmax 2022春季时装秀）。

04 按Enter键，生成的AI摄影作品如图4-6所示。

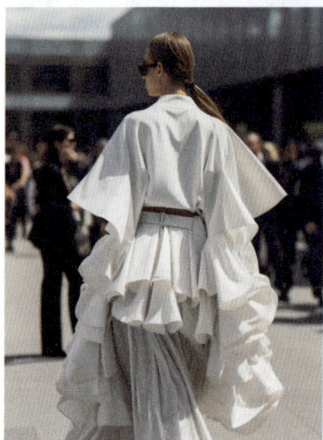

图 4-6

4.1.2 人物表情

1. 实战：高兴

01 首先启动discord，进入个人创建服务器页面。

02 单击聊天对话框，选择"/imagine"文生图指令。

03 在指令框中输入英文提示词"Happy, moody, a cute girl, photography --ar 3:2."（高兴，心情愉悦，一个可爱的女孩，摄影）。

04 按Enter键，生成的AI摄影作品如图 4-7所示。

图 4-7

2．实战：生气

01 首先启动 discord，进入个人创建服务器页面。

02 单击聊天对话框，选择"/imagine"文生图指令。

03 在指令框中输入英文提示词"Angry, upset, a cute girl photo."（生气，不开心，一个可爱女孩的照片）。

04 按 Enter 键，生成的 AI 摄影作品如图 4-8 所示。

图 4-8

3．实战：害怕

01 首先启动 discord，进入个人创建服务器页面。

02 单击聊天对话框，选择"/imagine"文生图指令。

03 在指令框中输入英文提示词"Scared, timid, a cute girl photo --ar 3:2."（害怕，胆怯，一个可爱女孩的照片）。

04 按 Enter 键，生成的 AI 摄影作品如图 4-9 所示。

图 4-9

4．实战：沮丧

01 首先启动 discord，进入个人创建服务器页面。

02 单击聊天对话框，选择"/imagine"文生图指令。

03 在指令框中输入英文提示词"Frustrated, a cute girl photo --ar 3:2."（沮丧，一个可爱女孩的照片）。

04 按Enter键，生成的AI摄影作品如图4-10所示。

图 4-10

5．实战：惊喜

01 首先启动discord，进入个人创建服务器页面。

02 单击聊天对话框，选择"/imagine"文生图指令。

03 在指令框中输入英文提示词"Surprise, a cute girl photo --ar 3:2."（惊喜，一个可爱女孩的照片）。

04 按Enter键，生成的AI摄影作品如图4-11所示。

图 4-11

4.1.3 手部动作

1．实战：指向手势

01 首先启动discord，进入个人创建服务器页面。

02 单击聊天对话框，选择"/imagine"文生图指令。

03 在指令框中输入英文提示词"Pointing, a handsome boy photo --ar 3:4."（指向手势，一个帅气男孩的照片）。

04 按Enter键，生成的AI摄影作品如图4-12所示。

未referenced

图 4-12

2. 实战：张开双臂

01 首先启动 discord，进入个人创建服务器页面。

02 单击聊天对话框，选择"/imagine"文生图指令。

03 在指令框中输入英文提示词"Open arms, excitement, a handsome boy photo --ar 3:4."（张开双臂，兴奋，一个帅气男孩的照片）。

04 按 Enter 键，生成的 AI 摄影作品如图 4-13 所示。

图 4-13

3. 实战：手插口袋

01 首先启动 discord，进入个人创建服务器页面。

02 单击聊天对话框，选择"/imagine"文生图指令。

03 在指令框中输入英文提示词"Hand in pockets, cool, a handsome boy photo --ar 3:4."（手插口袋，酷，一个帅气男孩的照片）。

04 按Enter键，生成的AI摄影作品如图4-14所示。

图4-14

4．实战：挡脸手势

01 首先启动discord，进入个人创建服务器页面。

02 单击聊天对话框，选择"/imagine"文生图指令。

03 在指令框中输入英文提示词"Face palm, a cute little boy photo --ar 3:4."（挡脸手势，一个可爱小男孩的照片）。

04 按Enter键，生成的AI摄影作品如图4-15所示。

图4-15

4.1.4 整体姿势

1．实战：蹲下

01 首先启动discord，进入个人创建服务器页面。

02 单击聊天对话框，选择"/imagine"文生图指令。

03 在指令框中输入英文提示词"A handsome man squatting down, observing some insects on the ground, insect category, high detail, realistic photo --ar 3:4."（一个帅气的男人，蹲在地上观察虫子，昆虫，高细节，逼真写实的照片）。

04 按Enter键，生成的AI摄影作品如图4-16所示。

图 4-16

2. 实战：奔跑

01 首先启动discord，进入个人创建服务器页面。

02 单击聊天对话框，选择"/imagine"文生图指令。

03 在指令框中输入英文提示词"A picture of a little girl running around in an alley, happy --ar 3:4."（一条小巷子里，一个在奔跑的小女孩的照片，快乐）。

04 按Enter键，生成的AI摄影作品如图4-17所示。

图 4-17

3．实战：坐着

01 首先启动discord，进入个人创建服务器页面。

02 单击聊天对话框，选择"/imagine"文生图指令。

03 在指令框中输入英文提示词"A photo of a handsome boy sitting in the subway reading a book --ar 3:4."（一个帅气的男生坐在地铁里看书的照片）。

04 按Enter键，生成的AI摄影作品如图4-18所示。

4．实战：跳舞

01 首先启动discord，进入个人创建服务器页面。

02 单击聊天对话框，选择"/imagine"文生图指令。

03 在指令框中输入英文提示词"A beautiful girl dances ballet in front of a gray drapery, behind which is a Movie headlight, full body, photorealistic, low angle shot, backlight, very detailed, high quality, Ultra-detailed photography, Global Illumination, Diffuse light filling the entire space, ray tracing, volume light, narrow depth-of-field, Editorial Photography, award-winning photograph, HDR --ar 3:4."（一个美丽的女孩在灰色帷幔前跳芭蕾舞，帷幔后是一盏电影大灯，全身，逼真，低角度拍摄，逆光，非常细致，高品质，超精细摄影，全局照明，漫射光充满整个空间，光线跟踪，体积光，浅景深，编辑摄影，获奖照片，HDR）。

04 按Enter键，生成的AI摄影作品如图4-19所示。

图 4-18

图 4-19

5. 实战：躺下

01 首先启动discord，进入个人创建服务器页面。

02 单击聊天对话框，选择"/imagine"文生图指令。

03 在指令框中输入英文提示词"A photo of a little girl lying in the lawn looking at the stars, lying down, night, stars --ar 3:2."（一张小女孩躺在草坪上看星空的照片，躺下，夜晚，星空）。

04 按Enter键，生成的AI摄影作品如图 4-20所示。

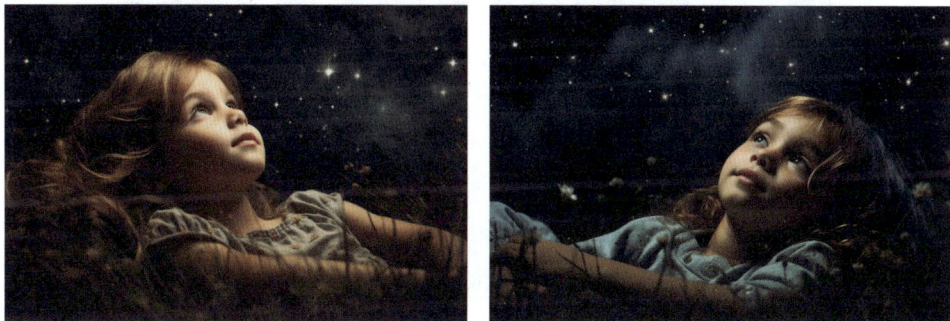

图 4-20

6. 实战：出拳

01 首先启动discord，进入个人创建服务器页面。

02 单击聊天对话框，选择"/imagine"文生图指令。

03 在指令框中输入英文提示词"A photo of a powerful man in a Muay Thai fight, sports, punching, gym, intense --ar 3:4."（一个充满力量的男人进行泰拳比赛的照片，体育运动，出拳，体育馆，激烈）。

04 按Enter键，生成的AI摄影作品如图 4-21所示。

7. 实战：拥抱

01 首先启动discord，进入个人创建服务器页面。

02 单击聊天对话框，选择"/imagine"文生图指令。

图 4-21

03 在指令框中输入英文提示词"A photo of a girl and her puppy cuddling and being happy --ar 3:4."（一个女孩与她的小狗拥抱的照片，幸福）。

04 按Enter键，生成的AI摄影作品如图 4-22 所示。

图 4-22

8. 实战：踢腿

01 首先启动discord，进入个人创建服务器页面。

02 单击聊天对话框，选择"/imagine"文生图指令。

03 在指令框中输入英文提示词"Chinese kung fu, kicks, martial arts, 8K, panorama, trees, courtyard, clean image, 85mm focal length --ar 3:4."（中国功夫，踢腿，武术，8K，全景，树木，庭院，画面干净，85mm焦距）。

04 按Enter键，生成的AI摄影作品如图 4-23 所示。

图 4-23

4.2　证件照

证件照是一种用于证明个人身份的照片，通常用于护照、身份证、驾驶证等官方文件以及信用卡、社交媒体等非官方场合。

4.2.1　实战：传统证件照

证件照的要求比较严格，需要拍摄出清晰、标准化的照片，以确保身份信息的真实性和可识别性。

01 首先启动discord，进入个人创建服务器页面。

02 单击聊天对话框，选择"/imagine"文生图指令。

03 在指令框中输入英文提示词"ID photo, a girl, Chinese, finesse facial details, wearing a white shirt, symmetrical composition, pure background, masterpiece, best duality, soft focus, soft light, high definition --ar 3:4."（证件照，一个女孩，中国人，细节精致的面孔，身穿白衬衫，对称构图，纯色背景，杰作，最佳质量，柔光对焦，高清晰度）。

04 按Enter键，生成的AI摄影作品如图4-24所示。

图 4-24

4.2.2　实战：职业形象照

职业形象照注重专业性和形象的塑造，通常以正式的着装和专业的表情为特点，突出人物的职业形象和气质。在后期处理方面，通常会对职业形象照进行裁剪、色彩调整和修图等处理，以突出人物的专业性和形象特点。

01 首先启动discord，进入个人创建服务器页面。

02 单击聊天对话框，选择"/imagine"文生图指令。

03 在指令框中输入英文提示词"Portrait of a Chinese 30-year-old professional woman wearing a black suit, mature, smiling, confident, business, professional, half-length photo, gray background, Canon camera 85mm, f/1.2 --ar 3:4."（一位中国30岁的穿着黑色西服的职业女性，肖像，成熟，微笑，自信，商务，职业，半身照，灰色背景，佳能相机85mm，f/1.2）。

04 按Enter键，生成的AI摄影作品如图4-25所示。

图 4-25

4.2.3 实战：韩式证件照

韩式证件照注重清新自然的感觉，通常以柔和的色调和温暖的光线为特点，突出人物的皮肤质感和五官线条。在后期处理方面，韩式证件照通常会进行柔化、磨皮和美白等处理，以突出自然美感。

01 首先启动discord，进入个人创建服务器页面。

02 单击聊天对话框，选择"/imagine"文生图指令。

03 在指令框中输入英文提示词"A beautiful Chinese girl with brown hair, white skin, smile, textured skin, high detail, white shirt, Korean ID photo, pink background, gentle --ar 3:4."（一位漂亮的中国女孩，棕色头发，白色的皮肤，微笑，质感皮肤，高细节，白色衬衫，韩式证件照，粉色背景，温柔）。

04 按Enter键，生成的AI摄影作品如图 4-26 所示。

图 4-26

4.2.4 实战：美式证件照

美式证件照则注重真实性和清晰度，通常以高对比度和饱和度为特点，突出人物的面部特征和纹理。在后期处理方面，美式证件照通常会进行锐化和色彩调整等处理，以突出照片的真实感和清晰度。

01 首先启动discord，进入个人创建服务器页面。

02 单击聊天对话框，选择"/imagine"文生图指令。

03 在指令框中输入英文提示词"A beautiful girl with American campus style, blue background, 1980s setting, Panasonic Lumix S pro 50mm f/1.4, subtle details, natural features, photorealistic, high resolution, ultra-detailed, 8K --ar 3:4."（美式校园风格的美丽女孩，蓝色背景，20 世纪 80 年代背景，松下 Lumix S pro 50mm f/1.4，细微，自然，逼真，高分辨率，细节，8K）。

04 按Enter键，生成的AI摄影作品如图 4-27 所示。

图 4-27

4.3 全家福

全家福拍摄是一种家庭合影的方式，通常是在家庭成员一起拍照时使用。全家福拍摄可以记录家庭成员的亲情和幸福时刻，也是传承家庭文化和传统的重要方式。

4.3.1 实战：一家三口

一家三口全家福拍摄是一种常见的家庭合影方式，通常包括父亲、母亲和孩子，可以记录家庭的温馨和幸福时刻。

01 首先启动discord，进入个人创建服务器页面。

02 单击聊天对话框，选择"/imagine"文生图指令。

03 在指令框中输入英文提示词"A contemporary Chinese family portrait featuring three people, a man, a woman, a child, dressed in summer attire, captured in a full-body shot including their feet, presenting a clean and warm ambiance, shot against a white background in a photography studio using a Canon camera --ar 3:2."（当代中国家庭3人全家福，男人，女人，孩子，夏装，全身照，脚，画面干净，温馨，白色背景，摄影棚拍摄，佳能相机）。

04 按Enter键，生成的AI摄影作品如图4-28所示。

图 4-28

4.3.2 实战：老年夫妇

老年夫妇合照是一种记录和纪念老年夫妇共同度过时光的方式，用以捕捉他们的幸福时刻、回忆和情感，留下一份珍贵的回忆。

01 首先启动discord，进入个人创建服务器页面。

02 单击聊天对话框，选择"/imagine"文生图指令。

03 在指令框中输入英文提示词"A portrait of a modern Chinese elderly couple, captured in a real setting wearing summer clothes, smiling, presenting an aesthetic and minimalist background, shot in a photography studio with a Canon camera --ar 3:2."（现代中国老年夫妻肖像，实拍，夏装，微笑，唯美，简洁背景，摄影棚拍摄，佳能相机）。

04 按Enter键，生成的AI摄影作品如图4-29所示。

图 4-29

4.3.3　实战：全家福

全家福拍照是一种大型家庭合影的方式，通常是在一个大家庭的所有成员一起拍照时使用，用以记录大家庭的亲情和团圆。

01 首先启动discord，进入个人创建服务器页面。

02 单击聊天对话框，选择"/imagine"文生图指令。

03 在指令框中输入英文提示词"A family portrait featuring six members, including elders, young adults, children, and a dog, captured in a real setting with a clean and simple background. Shot indoors on a sofa, everyone is dressed in simple yet elegant clothing in Morandi colors, presenting a warm and cozy atmosphere with smiling face and natural lighting --ar 3:2."（全家福，一家六口，有长辈、年轻人、小孩和狗，真实摄影，背景干净简洁，室内，沙发，服装简单大气，莫兰迪色系，温馨，微笑，自然光）。

04 按Enter键，生成的AI摄影作品如图 4-30所示。

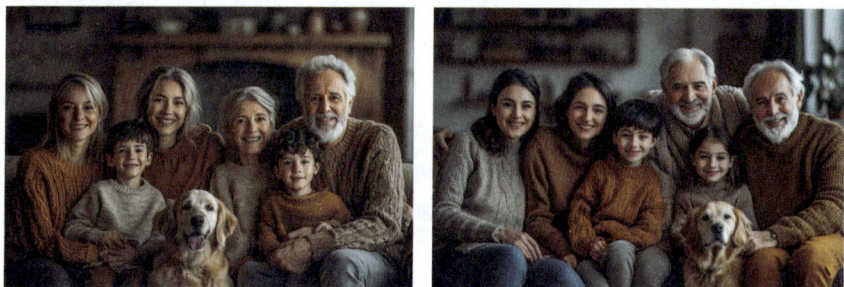

图 4-30

4.4　婚纱照

婚纱照是一种特殊的照片，通常在婚礼之前或婚礼过程中拍摄，用于纪念新人的幸福时刻和爱情故事。婚纱照一般分为中式和西式两种风格，每种风格都有其独特的特点和美感。

4.4.1　实战：西式

西式婚纱照更注重简约、时尚和浪漫的元素，通常以白色为主色调，采用婚纱、晚礼服等现代的服饰，以及现代化的道具和背景。

01 首先启动discord，进入个人创建服务器页面。

02 单击聊天对话框，选择"/imagine"文生图指令。

03 在指令框中输入英文提示词"Chinese girl,smiling at the camera,pure white, magnificent wedding dress in white, tulle, lace, veil, long train, professional photography, Nikon Z7 II, UHD, soft natural lighting, background with pink-colored flowers and flying butterflies, fancy --ar 3:4 --s 250."（中国女孩，对着镜头微笑，全身洁白，华丽的白色婚纱，薄纱，蕾丝，头纱，长长的裙裾，专业摄影，尼康 Z7 II，超高清，柔和的自然光，背景是粉色的花朵和飞舞的小蝴蝶，梦幻）。

04 按 Enter 键，生成的 AI 摄影作品如图 4-31 所示。

图 4-31

4.4.2 实战：中式

中式婚纱照注重传统文化的元素和细节，通常以红色为主色调，选用旗袍、龙凤褂等传统的服饰，以及中国传统的道具和背景。中式婚纱照强调的是一种古朴、典雅、庄重的美感。

01 首先启动 discord，进入个人创建服务器页面。

02 单击聊天对话框，选择"/imagine"文生图指令。

03 在指令框中输入英文提示词"Chinese wedding photo, Xiuhe dress:: , a newlywed couple, gentle, temperament, traditional, happiness, bedroom background, smile, warm, bright natural light, Canon camera shot, 8K, super high quality, clean image --ar 3:2."（中式结婚照，秀禾服，一对新婚夫妻，温婉，气质，传统，幸福，卧室背景，微笑，温馨，明亮的自然光，佳能相机拍摄，8K，超高画质，画面干净）。

04 按 Enter 键，生成的 AI 摄影作品如图 4-32 所示。

图 4-32

4.5　儿童肖像照

儿童肖像照是一种记录和纪念儿童成长的重要方式。儿童肖像照可以主要分为儿童模特照和儿童写真照两种类型。

4.5.1　实战：儿童模特照

儿童模特照是一种商业性质的照片，通常是由专业的模特经纪公司或品牌邀请儿童担任模特进行拍摄，涉及广告、杂志封面领域等。

01 首先启动 discord，进入个人创建服务器页面。

02 单击聊天对话框，选择"/imagine"文生图指令。

03 在指令框中输入英文提示词"Commercial photography, Chinese little girl, model, full body, white-orange color tone, bright space, natural pose, modern photography, minimalist style, simple and elegant style, full body, ear, light and shadow, fine skin, advertising grade photography, super detail, ultra-high definition --ar 3:4."（商业摄影，中国小女孩模特全身，白橙色调，明亮空间，自然姿势，现代摄影，简约风格，素雅风格，全身，耳朵，光影，皮肤细腻，广告级摄影，超细节，超高清）。

04 按 Enter 键，生成的 AI 摄影作品如图 4-33 所示。

图 4-33

4.5.2　实战：儿童人像写真

儿童人像写真则是一种更注重记录和纪念的拍摄方式，主要拍摄一些偏生活化的照片，记录他们的成长过程、重要时刻和家庭生活。

01 首先启动 discord，进入个人创建服务器页面。

02 单击聊天对话框，选择"/imagine"文生图指令。

03 在指令框中输入英文提示词"Asian five-year-old portrait, air and light, delicate face, outdoors, colorful balloons, featuring the art of Reiko Kawauchi, dreamy lofi photography, UHD resolution, super realistic images, super quality, Fujifilm, 32K, 50mm --ar 3:4 --s 750."（亚洲五岁儿童写真，空气和阳光，精致的脸，户外，五颜六色的气球，采用 Reiko Kawauchi 的艺术风格，梦幻般的 lofi 摄影，超高清分辨率，超级现实的图像，超级质量，富士胶片，32K，50mm）。

04 按 Enter 键，生成的 AI 摄影作品如图 4-34 所示。

图 4-34

4.6 古风人像

古风人像是一种特殊的人像摄影风格，其通过还原古代的场景、服饰、道具等元素，再现古代的生活气息和文化风情。古风人像不仅可以展示古代的美感，还可以实现文化传承和踏寻历史记忆。

01 首先启动discord，进入个人创建服务器页面。

02 单击聊天对话框，选择"/imagine"文生图指令。

02 在指令框中输入英文提示词"A beautiful Chinese girl, wearing a light green Hanbok, holding an oil paper umbrella, sunlight, morning, fresh, natural light, ancient hair accessories, Song Dynasty, stream and green trees in the background, plain, ancient, skin texture, natural beauty and realism, clean image, F2.8, 85mm --ar 3:4 --s 500."（身着浅绿色汉服的美丽中国女孩，手持油纸伞，阳光，清晨，清新，自然光，古代发饰，宋代，背景为溪流和绿树，素雅，古朴，皮肤细节，自然美和真实感，画面干净，F2.8，85mm）。

04 按Enter键，生成的AI摄影作品如图4-35所示。

图 4-35

4.7 艺术写真

艺术写真是一种以艺术创作为目的的人像摄影形式，其通常通过独特的拍摄技巧、创意的构图和丰富的色彩搭配，来表达期望的美感或情感。

4.7.1 实战：奥菲莉亚名画风

奥菲莉亚名画风格摄影是指以英国画家约翰·埃弗雷特·米莱斯的作品《奥菲莉亚》为灵感和风格的摄影形式。这种摄影风格通常以自然、浪漫和神秘为主题，强调对细节的关注和情感的表达。

01 首先启动 discord，进入个人创建服务器页面。

02 单击聊天对话框，选择"/imagine"文生图指令。

03 在指令框中输入英文提示词" a beautiful floral princess from medieval fantasy, shooting from above inspired by Fragonard, beautiful lush green woods reflected in the water, beautiful blue water, flowers, preraphaelite style, Ophelia painting layout, intricate embellishments, analog photos with a hasselblad at 50mm, photographic detail, hyperealistic, cinemaic lighting, photographed by Tim Walker, trending on 500px --ar 3:4 --s 750."（中世纪幻想中美丽的花卉公主，俯视拍摄灵感来自弗拉戈纳尔，美丽郁郁葱葱的绿色树林倒映在水中，美丽的碧水，花，拉斐尔前派风格，奥菲莉亚绘画布局，错综复杂的点缀，用哈苏 50mm 拍摄的模拟照片，摄影细节，超现实主义，电影灯光，由蒂姆·沃克拍摄，500px 上的流行趋势）。

04 按 Enter 键，生成的 AI 摄影作品如图 4-36 所示。

图 4-36

4.7.2 实战：田园风格

田园风格摄影是一种以乡村、田园、大自然等元素为题材的摄影风格。这种风格强调对自然美的追求和对情感的表达，以突出田园的特色和美感。

01 首先启动 discord，进入个人创建服务器页面。

02 单击聊天对话框，选择"/imagine"文生图指令。

03 在指令框中输入英文提示词"Side view, an 18-year-old Chinese girl smiling in a green field, she is wearing a summer printed dress, holding a dog, bright white and sea blue, influenced by ancient Chinese art, photo-like composition and film, 8K --ar 3:4."（侧视图，一个 18 岁的中国女孩在绿色的田野中微笑，她穿着夏日印花连衣裙，抱着一只狗，明亮的白色和海蓝色，受中国古代艺术影响，照片式构图和胶片，8K）。

04 按 Enter 键，生成的 AI 摄影作品如图 4-37 所示。

图 4-37

4.7.3 实战：鹤立九霄

以仙鹤元素为题材的摄影风格，展现出超脱尘世的效果或感觉。

01 首先启动 discord，进入个人创建服务器页面。

02 单击聊天对话框，选择"/imagine"文生图指令。

03 在指令框中输入英文提示词"A model in white minimalist hanfu, red-crowned crane, long shot, delicate facial details, in the style influenced by ancient Chinese art, experimental cinematography, white, graceful balance, elaborate landscapes --ar 3:4."（白衣模特，极简汉服，丹顶鹤，长镜头，精致的面部细节，受中国古代艺术风格影响，实验电影摄影，白色，优美的平衡，精心制作的风景）。

04 按 Enter 键，生成的 AI 摄影作品如图 4-38 所示。

图 4-38

4.7.4 实战：多巴胺

多巴胺风格拍摄是一种追求鲜艳、明亮的色彩和积极向上的情感的摄影风格。这种风格通常以色彩丰富的场景、服装和道具为特点，旨在展现出充满活力和热情的氛围。

01 首先启动discord，进入个人创建服务器页面。

02 单击聊天对话框，选择"/imagine"文生图指令。

03 在指令框中输入英文提示词"Universe, Walter Van Beirendonck style, ice cream color, a floating girl with a cat, dreamy, shining, high-end, delicate --ar 3:4."（宇宙，沃尔特·范·贝伦多克风格，冰激凌色，带着猫的漂浮少女，梦幻，闪耀，高级，精致）。

04 按Enter键，生成的AI摄影作品如图4-39所示。

图 4-39

4.8 电影镜头

电影摄影具有类似于电影场景的美感和情感冲击，通常经过精心策划，以赋予其图片叙事深度和电影所期望的活力感。电影摄影以其戏剧性的灯光、引人注目的构图和情感共鸣为特点，将观众带入故事之中。

4.8.1 实战：玛丽莲·梦露

梦露的独特魅力使得她成为了电影界的焦点。她的美貌、性感、自信和纯真使得她成了观众心中的女神。由梦露参演的电影中有许多令人难忘的经典场景。

01 首先启动discord，进入个人创建服务器页面。

02 单击聊天对话框，选择"/imagine"文生图指令。

03 在指令框中输入英文提示词"Marilyn Monroe, movie stills, delicate dress, party, in the style of white and pink, celebration, dark amber, Pentax 645n, lively tavern scenes, cowboy --ar 21:9."（玛丽莲·梦露，剧照，精致的礼服，白色和粉色风格，庆祝，暗琥珀色调，宾得645n，热闹的小酒馆，牛仔）。

04 按Enter键，生成的AI摄影作品如图 4-40 所示。

图 4-40

4.8.2 实战：女战士

女战士主题照片通常使用电影的形式呈现，旨在能展现视觉冲击力和艺术美感。

01 首先启动 discord，进入个人创建服务器页面。

02 单击聊天对话框，选择"/imagine"文生图指令。

03 在指令框中输入英文提示词"Breathtaking sword-wielding female general, epic cinematic battle scene in swirling snow, windswept hair, ancient temple background, Northern and Southern Dynasties era, rangefinder lens, Tokina AT-X 11-16mm F2.8 wide-angle style, extreme angle close-up, deep gray tone, dark beige and gray palette, romanticized wuxia martial arts realism, highly detailed, dramatic cinematic lighting, photorealistic shadows, vibrant, energetic, Octane render, 8K ultra-high-definition, extremely detailed --ar 21:9."（本片将以一位美丽的持剑女将军为主角，展现战斗与战争的场景，一部电影的片段，雪天中飞舞的头发，背景是寺庙，南北朝历史场景，测距摄影镜头，深灰色调，图丽 AT-X 11-16mm F2.8 Pro DX IL 风格，特写，深米色和灰色搭配，浪漫化武侠写实，高度细腻，电影画面，令人惊

叹的逼真光影，生动鲜活，充满活力，Octane 渲染，8K 超高清，极其细致）。

04 按 Enter 键，生成的 AI 摄影作品如图 4-41 所示。

图 4-41

第 5 章

AI 摄影:

生成绝美风光大片

风光摄影是指以大自然的景色或风光为主题的摄影类型。风光摄影追求捕捉和呈现自然环境中的壮丽景色、迷人的光影、色彩和细节,旨在通过照片传达自然美的感受和体验。

5

需要注意的是，虽然Midjourney生成的风光照片可能具有逼真的效果，但它们仍然是通过人工智能算法生成的，并不是真实的摄影作品。因此，在风光摄影中，人工智能技术可以用作辅助工具，但仍然无法完全取代摄影师的工作。

5.1　鸟瞰风光

鸟瞰风光摄影是指从高空或高处俯瞰地面，捕捉到的景色和风光。通过改变摄影视角，鸟瞰摄影可以呈现出独特的透视效果和全景视野，展示出地球的壮丽、迷人和多样性。这种摄影形式通常用于拍摄城市景观、自然风光、人类活动等，能够展现出地理环境的广阔和复杂性。鸟瞰风光摄影不仅仅是一种记录和展示方式，更是一种艺术表达形式，能够带给人们不同寻常的视觉体验和震撼感。

5.1.1　实战：梯田

梯田是指利用山地地形，以阶梯状的方式开垦和耕种的农田。梯田是中国传统农耕文化和智慧的结晶，不仅解决了山区农业耕作的难题，还创造了壮美的农田景观。中国梯田以其独特的造型和宏伟的规模，吸引了众多游客和摄影师的赞赏与驻足。

01 首先启动discord，进入个人创建服务器页面。

02 单击聊天对话框，选择"/imagine"文生图指令。

03 在指令框中输入英文提示词"Chinese rice terraces shown in aerial view, Pentax K1000, Tamron 24mm f/2.8 Di III OSD M1:2, luminist landscapes, orientalist landscapes, rustic scenes, post processing --ar 3:4."（中国水稻梯田鸟瞰图，宾得K1000、腾龙24mm f/2.8 Di III OSD M1:2，光影派风景，东方主义风光，乡村风光，后期处理）。

04 按Enter键，生成的AI摄影作品如图 5-1 所示。

图 5-1

5.1.2 实战：峡谷大瀑布

峡谷大瀑布是指位于峡谷中的巨大瀑布景观。水流从悬崖峭壁之间急速坠落，形成壮观的水帘和雾气，给人震撼和宏伟的感觉。峡谷大瀑布以其美丽壮观又独特的自然景观吸引着游客和摄影爱好者的目光。

01 首先启动 discord，进入个人创建服务器页面。

02 单击聊天对话框，选择"/imagine"文生图指令。

03 在指令框中输入英文提示词"landscape photography works, landscape photography, CONTENT 11, ISO 100, realistic, 4K, beautiful mountainside, a waterfall, lush green all around, in the style of 32K UHD, bird's-eye-view, traditional arts from Africa, Oceania, and the Americas, sky-blue and white, eye-catching --ar 3:4."（风景摄影作品，风景摄影，CONTENT 11，感光度 100，写实，4K，美丽的山坡，瀑布和周围郁郁葱葱的绿色，32K 超高清风格，鸟瞰图，非洲、大洋洲和美洲的传统艺术，天蓝色和白色，引人注目）。

04 按 Enter 键，生成的 AI 摄影作品如图 5-2 所示。

图 5-2

5.1.3 实战：张家界国家森林公园

张家界国家森林公园是位于中国湖南省的一处自然景区，以其壮丽的石柱地貌和原始森林而闻名。这里有悬崖峭壁、奇峰异石、深谷幽溪和清澈的溪流，景色独特迷人。张家界国家森林公园是一个天然的宝藏，吸引着众多游客和摄影爱好者的光临。

01 首先启动 discord，进入个人创建服务器页面。

02 单击聊天对话框，选择"/imagine"文生图指令。

03 在指令框中输入英文提示词"Zhangjiajie National Forest Park, aerial view, Pentax K1000, Tamron 24mm f/2.8 Di Ⅲ OSD M1:2, luminist landscapes, orientalist landscapes, post processing --ar 3:4."（张家界国家森林公园，鸟瞰图，宾得K1000、腾龙24mm f/2.8 Di Ⅲ OSD M1:2，光影派风景，东方主义风光，后期处理）。

04 按Enter键，生成的AI摄影作品如图5-3所示。

图 5-3

5.2 城市乡村

城市乡村摄影是指以城市和乡村为主题的摄影类型，其涵盖了城市和乡村地区的各种景观、建筑，包括人文和自然元素。城市摄影通常关注城市的繁华街道、高楼大厦、夜景灯光等，展现都市快节奏的生活和多样性的生活方式。而乡村摄影则多聚焦于宁静的乡村风光、田园景色、农民劳作等，呈现出自然、宁静和朴实的乡村生活风情。这两种摄影形式各有特点，通过不同的构图、光线和视角，可以捕捉到属于城市或乡村的独特魅力和故事。城市乡村摄影不仅记录了人们的生活和环境，还展现了不同地域和文化的差异，为观者带来了丰富的视觉体验和情感共鸣。

5.2.1 实战：城市夜景

城市夜景摄影是指在夜晚拍摄城市的景观和建筑物。通过合理运用光线、色彩和构图，展现城市的繁华和美丽。夜景摄影能够通过捕捉城市的灯光、街道、建筑等元素，呈现出迷人、充满活力的画面，给人独特的视觉享受。

01 首先启动discord，进入个人创建服务器页面。

02 单击聊天对话框，选择"/imagine"文生图指令。

116

03 在指令框中输入英文提示词"Manhattan in the night, highly saturated colors, surrealism, rich detail, Hasselblad, UHD, best quality, large aperture F1.2, 32K, --ar 3:4."（曼哈顿夜景，高饱和度色彩，超现实主义，丰富细节，哈苏，超高清，最佳画质，大光圈 F1.2，32K）。

04 按 Enter 键，生成的 AI 摄影作品如图 5-4 所示。

图 5-4

5.2.2 实战：城市街道

城市街道摄影是一种捕捉城市生活瞬间的摄影方式。摄影师通过捕捉街道上的自然与人文景观，展现城市的独特魅力和氛围。

01 首先启动 discord，进入个人创建服务器页面。

02 单击聊天对话框，选择"/imagine"文生图指令。

03 在指令框中输入英文提示词"Unoccupied Tokyo street, sunlight, urban photography, Sony large aperture telephoto lens --ar 16:9."（无人的东京街头，阳光，城市摄影，索尼大光圈长焦镜头）。

04 按 Enter 键，生成的 AI 摄影作品如图 5-5 所示。

图 5-5

5.2.3 实战：田园乡村

田园乡村摄影是捕捉乡村自然风光和人文风情的一种摄影形式。摄影师通过镜头展现乡村的宁静与纯真，记录传统农耕文化和乡村的自然美景。

01 首先启动discord，进入个人创建服务器页面。

02 单击聊天对话框，选择"/imagine"文生图指令。

03 在指令框中输入英文提示词"Rustic countryside, farmland, mountains, houses, paths, sunshine, blue sky, white clouds, healing landscape, Canon camera, high detail, high quality, clear, 32K, real photography --ar 3:2."（田园乡村，农田，山，房子，小路，阳光，蓝天，白云，治愈风景，佳能相机，高细节，高品质，清晰，32K，真实摄影）。

04 按Enter键，生成的AI摄影作品如图5-6所示。

图 5-6

5.2.4 实战：小街集镇

小街集镇摄影是记录小街集镇风貌的一种摄影方式。摄影师以小街集镇为拍摄对象，展现其独特的建筑风格、人文气息和生活方式。通过摄影师的镜头，人们能感受到小街集镇的宁静与美丽。

01 首先启动discord，进入个人创建服务器页面。

02 单击聊天对话框，选择"/imagine"文生图指令。

03 在指令框中输入英文提示词"Small alleys, streets, atmosphere of daily life, roadside vegetable market, sense of storytelling, fruit stand, summer, Tyndall effect light, morning, Shot with a Nikon camera, high detail, high quality, clear, 32K resolution, real photography --ar 3:4."（小街巷，街道，烟火气息，马路菜市场，故事感，水果摊，夏天，丁达尔光线，早晨，尼康相机，高细节，高品质，清晰，32K，真实摄影）。

04 按Enter键，生成的AI摄影作品如图5-7所示。

图 5-7

5.3 自然风光

自然风光摄影是指以自然界中的风景、地貌等为主题的摄影类型，其致力于捕捉和展现大自然的美丽、宏伟和多样性。自然风光摄影关注自然界中的壮丽景色，如山川、湖泊、河流、海洋、森林等，以及不同季节和天气条件下的自然现象。通过合适的光线、构图和角度，可以呈现出大自然独特的魅力和细腻之处。自然风光摄影不仅旨在唤起人们对自然的热爱和保护意识，同时也为观众带来与自然融合的宁静和放松之感。这种摄影形式融合了艺术和自然的美感，向人们展示了地球上无穷无尽的自然奇观和生命力。

5.3.1 实战：山川

山川摄影注重表现山脉的壮丽与优美。通过选择合适的角度并运用适当的拍摄技巧，展现出山川的独特魅力和壮美气势。

01 首先启动discord，进入个人创建服务器页面。

02 单击聊天对话框，选择"/imagine"文生图指令。

03 在指令框中输入英文提示词"A person stands between mountains while the sky is blue with clouds, the clouds are calm and the wind is gentle, in the style of hazy romanticism, Nadav Kander, large canvas format, David Burdeny, high-angle, poster --ar 3:4."（一个人站在群山之间，天空湛蓝，云淡风轻，朦胧的浪漫主义风格，纳达夫·坎德，大画布格式，大卫·布劳迪，高角度，海报）。

04 按Enter键，生成的AI摄影作品如图 5-8所示。

图 5-8

5.3.2　实战：河流

河流摄影是一种表现河流自然景观的摄影形式。摄影师通过捕捉河流的蜿蜒曲折、水流的变化和与周围环境的互动，展现河流的动态美和力量感。同时，还可以运用不同的拍摄技巧，如慢速快门、低角度拍摄等，来表现河流的独特魅力和视觉冲击力。

01 首先启动discord，进入个人创建服务器页面。

02 单击聊天对话框，选择"/imagine"文生图指令。

03 在指令框中输入英文提示词"A lush green valley, towering mountains in the distance, a crystal-clear river meandering through the vibrant scene, the landscape of this area is characterized by rolling hills and lush forests --ar 3:4."（郁郁葱葱的绿色山谷，远处高耸入云的山峰，清澈见底的河流蜿蜒流过，这里山峦起伏，森林茂密）。

04 按Enter键，生成的AI摄影作品如图5-9所示。

图 5-9

5.3.3　实战：海洋

海洋摄影是捕捉海洋壮丽景色的摄影形式，其可以通过不同的角度和拍摄技巧来表现浩渺海洋的波涛、浪花等元素，展现海洋的神秘魅力和力量感。同时，海洋摄影还可以结合海岸线、岛屿等元素，形成优美的画面构图。

01 首先启动discord，进入个人创建服务器页面。

02 单击聊天对话框，选择"/imagine"文生图指令。

03 在指令框中输入英文提示词"A serene beach with palm trees and clear blue water, high speed continuous shooting, photo grade, 4K, hyper quality --ar 3:2."（宁静的海滩，棕榈树和清澈湛蓝的海水，高速连拍，照片，4K，高画质）。

04 按Enter键，生成的AI摄影作品如图 5-10所示。

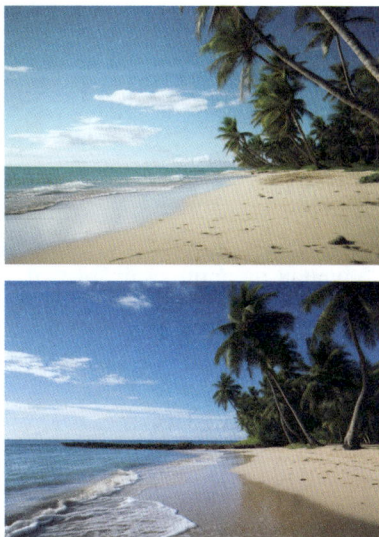

图 5-10

5.3.4　实战：闪电

闪电摄影是一种具有挑战性的自然现象摄影形式，能够展现大自然的威力和美丽，给人留下深刻的印象。

01 首先启动discord，进入个人创建服务器页面。

02 单击聊天对话框，选择"/imagine"文生图指令。

03 在指令框中输入英文提示词"Lightning Moment in a city, lightning streaks across the city sky and illuminates the darkness of the night, instant capture, night sky, spectacular, stunning, stunning photography works, high detail, high-quality, award-winning photography works, 32K --ar 3:2."（城市闪电瞬间，闪电在城市天空划破，照亮夜晚的黑暗，瞬间捕捉，夜空，壮观，震撼，令人惊叹的摄影作品，高细节，高品质，获奖摄影，32K）。

04 按Enter键，生成的AI摄影作品如图 5-11所示。

图 5-11

5.3.5 实战：星轨

星轨是指长时间曝光的图片中，形成的由恒星产生的持续移动轨道。星轨能够展现出夜空的美丽和神秘感，给人带来宁静和思考。

01 首先启动discord，进入个人创建服务器页面。

02 单击聊天对话框，选择"/imagine"文生图指令。

03 在指令框中输入英文提示词"The Egyptian pyramids, star trails in the sky, before the sunrise, long exposure photography, star photography --ar 3:2."（埃及金字塔，天空中的星轨，日出前，长时间曝光摄影，星空摄影）。

04 按Enter键，生成的AI摄影作品如图5-12所示。

图 5-12

5.3.6 实战：极光

极光是一种绚丽多彩的天文现象，出现在地球南北两极附近的高纬度地区。极光的颜色非常丰富，从绿色、紫色到红色等多种颜色都有可能出现，被认为是一种非常神奇和美丽的自然现象，吸引着来自世界各地的游客前来观赏。

01 首先启动discord，进入个人创建服务器页面。

02 单击聊天对话框，选择"/imagine"文生图指令。

03 在指令框中输入英文提示词"Bright blue aurora borealis shining over an iceberg covered by snow, in the style of Serge Najjar, dark white and green, light navy blue and green, dark red and sky-blue, cosmic --ar 3:2."（蓝色明亮的北极光照耀在雪中的冰山上，以谢尔盖·纳贾尔的风格，深白色和绿色，浅海军蓝和绿色，深红色和天蓝，宇宙）。

04 按Enter键，生成的AI摄影作品如图5-13所示。

图 5-13

5.3.7　实战：雪景

雪景是一种美丽的自然景观，通过摄影可以将其独特的魅力永久保存下来。在拍摄雪景时，可以选择不同的角度和构图方式，如特写、全景、俯拍、仰拍等，以展现雪景的不同特点。同时，还可以运用不同的光线和拍摄技巧，如逆光、柔光、慢门等，来营造出不同的氛围和效果。通过拍摄雪景，可以记录下大自然的美妙瞬间，给人带来宁静和美好的感受。

01 首先启动discord，进入个人创建服务器页面。

02 单击聊天对话框，选择"/imagine"文生图指令。

03 在指令框中输入英文提示词"Winter landscape, pine trees, freezing fog, crystal clear, sunny day, natural light, clean image, road, high detail, high quality, clear, 32K, real landscape, National Geographic shot --ar 3:4."（冬季景观，松树，雾凇，晶莹剔透，晴天，自然光，画面干净，道路，高细节，高品质，清晰，32K，实景地貌，国家地理拍摄）。

04 按Enter键，生成的AI摄影作品如图5-14所示。

图 5-14

5.4　名胜古迹

名胜古迹摄影是指以著名的历史遗迹、文化景点和名胜区域为主题的摄影类型。这些地方通常包括历史建筑、古代遗址、宗教寺庙、古城墙、考古遗址等。名胜古迹摄影旨在记录和展示人类文明的历史、文化和艺术价值。摄影师通过巧妙的构图、选用适合的光线和角度，将这些古老的建筑和景点以美观、独特的方式展现出来。名胜古迹摄影不仅仅是对古代文化的记录，还能够展示出历史与现代的融合，并传递着对传统价值的尊重和保护。这种摄影形式能够带给观者感知历史和文化的体验，让人们感受到时间的流转和人类智慧的体现。

5.4.1 实战：故宫

故宫又称紫禁城，是明清两代的皇家宫殿，也是世界上最大的宫殿之一。在生成故宫摄影作品时，可以从不同的角度和构图方式入手，展现故宫的宏伟壮观和历史韵味。

01 首先启动 discord，进入个人创建服务器页面。

02 单击聊天对话框，选择"/imagine"文生图指令。

03 在指令框中输入英文提示词"Unforgettable landscape shot of the Forbidden City of China, classic angle, details, textures, high quality, ultra detailed, realistic, sharp focus, warm sky as background, amazing view --ar 3:2."（令人难忘的中国紫禁城景观拍摄，经典角度，细节，质感，高品质，超细腻，逼真，焦点锐利，以暖色调的天空为背景，令人惊叹的景色）。

04 按 Enter 键，生成的 AI 摄影作品如图 5-15 所示。

图 5-15

5.4.2 实战：黄山

黄山是中国著名的风景区之一，以其奇松、怪石、云海、温泉和冬雪"五绝"著称。在生成黄山拍摄照片时，可以选择不同的角度和构图方式，如俯拍、仰拍、特写等，来展现黄山的壮丽和神秘。同时，还可以运用不同的光线，如逆光、柔光等，营造出不同的氛围和效果。

01 首先启动 discord，进入个人创建服务器页面。

02 单击聊天对话框，选择"/imagine"文生图指令。

03 在指令框中输入英文提示词"Landscape, Mount Huangshan, China, Pinus huangshanensis, sunrise, detail, texture, high quality, super fine, realistic, 32K, real landscape, National Geographic shot --ar 3:2."（风景，中国黄山，黄山松，日出，细节，质感，高品质，超细腻，逼真，32K，真实景观，国家地理拍摄）。

04 按 Enter 键，生成的 AI 摄影作品如图 5-16 所示。

图 5-16

5.4.3 实战：丽江古城

丽江古城位于中国云南省丽江市，是世界文化遗产之一，也是中国历史文化名城之一。丽江古城有着悠久的历史和独特的文化传统，是纳西族的聚居地，拥有丰富的历史建筑、民俗文化、传统工艺等资源。丽江古城的街道布局独特，以石板路、小桥流水、木制古建筑为主，有着浓郁的纳西族特色。

01 首先启动 discord，进入个人创建服务器页面。

02 单击聊天对话框，选择"/imagine"文生图指令。

03 在指令框中输入英文提示词"The Old Town of Lijiang in China, snowy mountains in the distance, bird's eye view, sunny day, high quality, super detailed, realistic, 32K, real landscape, National Geographic shot, Nikon camera --ar 3:2."（中国丽江古城，远处雪山，鸟瞰图，晴天，高品质，超细腻，逼真，32K，真实景观，国家地理拍摄，尼康相机）。

04 按 Enter 键，生成的 AI 摄影作品如图 5-17 所示。

图 5-17

5.4.4 实战：布达拉宫

布达拉宫位于中国西藏自治区首府拉萨市区西北的玛布日山上，始建于公元 7 世纪吐蕃王朝松赞干布时期，是一座宫堡式建筑群，主体建筑为白宫和红宫两部分。布达拉宫以其悠久的建造历史、宏大的规模、高超的建筑结构技巧和特殊的文化价值而享誉世界。在生成布达拉宫摄影作品时可以从远景展现其壮阔，还可以添加雪山、天空等元素展现布达拉宫的雄伟壮观和独特魅力。

01 首先启动discord，进入个人创建服务器页面。

02 单击聊天对话框，选择"/imagine"文生图指令。

03 在指令框中输入英文提示词"Potala Palace is located on the snow mountains, the background sky is in blue and the snow mountains are connected each other, high quality, super detailed, realistic, 32K, real landscape, National Geographic shot, Sony camera --ar 3:2."（布达拉宫坐落在雪山之上，背景天空是蓝色的，雪山彼此相连，高品质，超细腻，逼真，32K，真实景观，国家地理拍摄，索尼相机）。

04 按Enter键，生成的AI摄影作品如图5-18所示。

图 5-18

5.4.5 实战：黄果树瀑布

黄果树瀑布是中国乃至世界著名的瀑布之一，以其雄伟、壮观、神秘的特点吸引着众多游客和摄影师造访。

01 首先启动discord，进入个人创建服务器页面。

02 单击聊天对话框，选择"/imagine"文生图指令。

03 在指令框中输入英文提示词"Huangguoshu Waterfall with the scenic view, dramatic aerial perspective, soft aerial perspective, travel, high quality, super detailed, realistic, 32K, real landscape, National Geographic shot, Sony camera --ar 3:2."（黄果树瀑布与风景，戏剧性的空气透视，柔和的空气透视，旅行，高品质，超细腻，逼真，32K，实景地貌，国家地理拍摄，索尼相机）。

04 按Enter键，生成的AI摄影作品如图5-19所示。

图 5-19

第 6 章

AI 摄影:

生成各种动物照片

动物摄影是一种捕捉动物的生态、行为和美丽的摄影艺术类型,其通过拍摄野生动物、宠物或动物园中的动物,展现它们的独特之处。动物摄影需要技术和耐心,才能捕捉到精彩的瞬间和生动的画面。其通过合适的构图、光线和快门速度,呈现出动物的优雅、力量和自然之美。动物摄影能够让人们更深入地了解动物的生活和习性,感受到它们与人类的共通之处。因此,动物摄影不仅是一种记录和表达方式,更是对动物世界的致敬和保护。

6

6.1 鱼类

鱼类摄影是一种专注于捕捉和展示各种鱼类美丽的摄影艺术。通过在水下或水面上拍摄，展现鱼类在其自然栖息地中的姿态、色彩和动态。鱼类摄影需要特殊的技术和设备，如水下相机、潜水装备和灯光，通过合适的拍摄角度、曝光和快门设置，呈现出鱼类的优雅和独特之处。鱼类摄影不仅能够记录鱼类的美丽，展示海洋世界之美，还有助于引起大众对水生生物保护和海洋生态的关注。

6.1.1 实战：金鱼

生成金鱼照片需要注重光线、角度、背景、镜头选择、拍摄技巧和后期处理等方面。只有通过精心的策划和制作，才能呈现出金鱼的美丽和特点，让人感受到它们的魅力。

01 首先启动discord，进入个人创建服务器页面。

02 单击聊天对话框，选择 "/imagine" 文生图指令。

03 在指令框中输入英文提示词 "Several small goldfish, glass tank, sunlight through the glass, small bubbles, quiet, clean image, blue water, Wong Kar Wai style, shot with Fuji camera, vintage, high detail, high quality, 8K --ar 3:4."（几条小金鱼，玻璃缸，阳光透过玻璃，小气泡，安静，画面干净，湛蓝色的水，王家卫电影美学风格，富士相机拍摄，复古，高细节，高品质，8K）。

04 按Enter键，生成的AI摄影作品如图6-1所示。

图 6-1

6.1.2　实战：河豚

生成河豚照片时，使用侧面角度可以展现出河豚的流线型身材和鲜艳的色彩；正面角度可以展现出河豚的大眼睛和可爱的表情；而俯视角度则可以展现出河豚在水中的动态美。

01 首先启动 discord，进入个人创建服务器页面。

02 单击聊天对话框，选择"/imagine"文生图指令。

03 在指令框中输入英文提示词"Pufferfish floats gracefully in the crystal-clear seawater with coral reef, its spiky body and vibrant colors serving as a warning to potential predators, double exposure photography, 4K, high detail --ar 3:4."（河豚优雅地漂浮在珊瑚礁清澈的海水中，它带刺的身体和警戒的颜色向潜在的捕食者发出警告，双重曝光摄影，4K，高细节）。

04 按 Enter 键，生成的 AI 摄影作品如图 6-2 所示。

图 6-2

6.1.3　实战：白鲨

生成白鲨照片时，需要注意光线和角度的选择。一般来说，选择合适的光线和角度可以突出白鲨的特点和美感。可以使用逆光或侧逆光来突出白鲨的轮廓和流线型身材。

01 首先启动 discord，进入个人创建服务器页面。

02 单击聊天对话框，选择"/imagine"文生图指令。

03 在指令框中输入英文提示词"A white shark swims in the deep blue sea, with many fish around, in the style of hyper-realistic animal illustrations, CryEngine, strong facial expression, HDR --ar 3:4."（一条白鲨在深蓝色的海洋中与众多鱼类一起游动，采用超现实动物插画风格，CryEngine 引擎，强烈的面部表情，HDR）。

04 按 Enter 键，生成的 AI 摄影作品如图 6-3 所示。

图 6-3

6.1.4 实战：海底世界

不同的海底区域有不同的特点和生物群落，比如，珊瑚礁周围有许多五彩斑斓的珊瑚和热带鱼类，而深海区域则可以拍摄到奇特的深海生物和海底地貌。

01 首先启动discord，进入个人创建服务器页面。

02 单击聊天对话框，选择"/imagine"文生图指令。

03 在指令框中输入英文提示词"Underwater world, clear and transparent water, a large school of fish swimming by, tropical fish, coral, surreal photography, spectacular, bright and cheerful light, high detail, high quality, 8K --ar 3:4 --s 500."（海底世界，清澈透明的海水，一大群鱼儿游过来，热带鱼，珊瑚，超现实摄影，壮观，明亮欢快的光线，高细节，高品质，8K）。

04 按Enter键，生成的AI摄影作品如图6-4所示。

图 6-4

6.2 飞禽类

飞禽类摄影是一种专注于捕捉和展示各种飞禽的摄影艺术。通过拍摄鸟类在天空中飞翔、抓捕猎物或栖息的瞬间，展现它们的优雅、力量和独特之处。飞禽类摄影需要技术和耐心，才能捕捉到精彩的瞬间和生动的画面，并通过合适的构图、快门速度和焦距设置，呈现鸟类的飞行姿态和羽毛细节。飞禽类摄影不仅能够记录鸟类的美丽，还能有助于提高人们对自然生态保护和鸟类保护的关注度，可谓是一种展示鸟类与自然之间精彩互动的艺术表现形式。

6.2.1 实战：孔雀

选择合适的光线和角度，例如侧光或逆光可以突出孔雀的轮廓和羽毛的质感，而顺光则可以展现孔雀的鲜艳色彩。

01 首先启动discord，进入个人创建服务器页面。

02 单击聊天对话框，选择"/imagine"文生图指令。

03 在指令框中输入英文提示词"An open peacock, a peacock showing its tail, green lawn, colorful and gorgeous feathers, sunny day, natural light, clean background, high detail, high quality, 8K, National Geographic shot --ar 3:4."（一只开屏的孔雀，孔雀开屏，绿色的草坪，羽毛多彩绚丽，晴天，自然光，干净背景，高细节，高品质，8K，国家地理拍摄）。

04 按Enter键，生成的AI摄影作品如图6-5所示。

图6-5

6.2.2 实战：鹦鹉

选择能呈现出鹦鹉的美丽和特点的合适镜头，并应注意光线和角度，使观者能感受到大自然的神奇和魅力。

01 首先启动discord，进入个人创建服务器页面。

02 单击聊天对话框，选择"/imagine"文生图指令。

03 在指令框中输入英文提示词"A parrot, full body, shot by top Fuji camera, National Geographic photography, highly detailed, master professional color grading, Leica image, top background bokeh, 8K --ar 3:4."（鹦鹉，全身，由顶级富士相机拍摄，国家地理摄影，高度细腻，专业大师级调色，徕卡图像，顶级背景虚化，8K）。

04 按Enter键，生成的AI摄影作品如图6-6所示。

图6-6

6.2.3 实战：海鸥

海鸥是一种广泛分布于各地的鸟类，经常出现在海边、湖泊、河流和沼泽地带。拍摄海鸥时要注意选择合适的光线和角度，利用侧光或逆光可以突出海鸥的轮廓和羽毛的质感，而顺光则有助于展现海鸥的鲜艳色彩。此外，长焦镜头和高速快门也是必不可少的，可以帮助捕捉到海鸥清晰的动态瞬间。

01 首先启动discord，进入个人创建服务器页面。

02 单击聊天对话框，选择"/imagine"文生图指令。

03 在指令框中输入英文提示词"A seagull fishing moment shot, a seagull hunting fish in the sea, the moment of jumping out of the water, the wings spread, ocean, crystal water under the seagull's body, Sony camera, telephoto lens, the picture is clean, natural light, award-winning photography, high quality, high detail --ar 3:4."（拍摄一只海鸥捕鱼的瞬间，一只海鸥在海中捕鱼，跃出水面的瞬间，翅膀展开，海洋，身下荡起晶莹的水花，索尼相机，长焦镜头，画面干净，自然光，获奖摄影作品，高品质，高细节）。

04 按Enter键，生成的AI摄影作品如图6-7所示。

图 6-7

6.2.4 实战：翠鸟

翠鸟是一种美丽的鸟类，以其鲜艳的羽毛和尖锐的叫声而闻名。翠鸟背部和翅膀的羽毛通常以蓝绿色为主，具有光泽和质感，因而看起来非常亮丽，而胸部和腹部则一般呈赤褐色。翠鸟的翅膀和尾羽独特的色彩和形状，为其增添了更多的美感。

01 首先启动discord，进入个人创建服务器页面。

02 单击聊天对话框，选择"/imagine"文生图指令。

03 在指令框中输入英文提示词"Bird's nest, a kingfisher and its children in the middle of the nest, tree, foliage, cozy, high quality, high detail, natural light, clean background, UHD, award-winning photography --ar 3:4."（鸟巢，翠鸟和它的孩子们在鸟巢之中，树上，叶子，温馨，高品质，高细节，自然光，干净背景，超高清，获奖摄影作品）。

04 按Enter键，生成的AI摄影作品如图6-8所示。

图 6-8

6.3　哺乳类

哺乳类动物拥有各种形态和行为。哺乳类动物摄影主要捕捉它们多变的姿态和丰富的表情，展示自然的多样性和生命力。在拍摄哺乳类动物时，摄影师通常选用长焦镜头，以此与动物保持安全距离，捕捉其自然行为中的精彩瞬间。

6.3.1　实战：熊猫

熊猫是一种非常可爱和独特的动物，以竹子为主要食物，拥有圆润的身体、黑白相间的皮毛和憨态可掬的姿态。

01 首先启动discord，进入个人创建服务器页面。

02 单击聊天对话框，选择"/imagine"文生图指令。

03 在指令框中输入英文提示词"Panda, fluffy, chubby, cute, clean furs, eating apple slice, in a bamboo forest, sunny, good weather, warm, happy, 35mm lens, Kodak film, F1.2, ISO 300, natural light, natural soft color, ultra-detailed, high quality --ar 3:4."（熊猫，毛茸茸，胖乎乎，可爱，皮毛干净，吃苹果片，在竹林里，阳光明媚，天气好，温暖，快乐，35毫米镜头，柯达胶卷，F1.2，ISO 300，自然光，自然柔和的色彩，超精细，高品质）。

04 按Enter键，生成的AI摄影作品如图6-9所示。

图6-9

6.3.2　实战：猴子

猴子是一种灵长目动物，具有较高的智慧和灵活的身体。

01 首先启动discord，进入个人创建服务器页面。

02 单击聊天对话框，选择"/imagine"文生图指令。

03 在指令框中输入英文提示词"Close-up, monkey mother and its baby, taked by Canon EF 50mm f/1.2L USM lens on a Canon EOS 5D Mark IV camera, detailed macro wildlife photography by national geographic, morning light, hyperrealistic, hyper-detailed --ar 3:2 --s 750."（特写，猴子妈妈和孩子，由佳能 EOS 5D Mark IV 相机上的佳能 EF 50mm f/1.2L USM 镜头拍摄，国家地理杂志提供的微距野生动物摄影作品，晨光，超写实，超细腻）。

04 按 Enter 键，生成的 AI 摄影作品如图 6-10 所示。

图 6-10

6.3.3 实战：老鼠

老鼠是一种小型哺乳动物，具有灵敏的听觉和嗅觉。

01 首先启动 discord，进入个人创建服务器页面。

02 单击聊天对话框，选择"/imagine"文生图指令。

03 在指令框中输入英文提示词"By Miki Asai, Mushroom Forest, there is a cute little mouse under the drops on the petals, macro photography, stunning macro detail, Natural, Ultrahigh Clarity, Canon EOS R5 --ar 3:4."（作者浅井美纪，蘑菇森林，花瓣上的水滴下有一只可爱的小老鼠，微距摄影，令人惊叹的微距细节，自然，超高清晰度，佳能 EOS R5）。

04 按 Enter 键，生成的 AI 摄影作品如图 6-11 所示。

图 6-11

6.3.4 实战：猫

猫是一种哺乳动物，具有柔软的皮毛和优雅的姿态。合适的角度选择可以展现猫的美丽姿态和表情，例如猫打盹、玩耍或捕猎等场景。

01 首先启动discord，进入个人创建服务器页面。

02 单击聊天对话框，选择"/imagine"文生图指令。

03 在指令框中输入英文提示词"Super cute cat is sleeping, morning lights, sunbathing, outside, enjoy her time, relaxed --ar 3:4."（超级可爱的猫咪正在睡觉，晨光，日光浴，户外，享受时光，放松）。

04 按Enter键，生成的AI摄影作品如图 6-12 所示。

图 6-12

6.4 昆虫类

昆虫类动物是地球上最丰富和多样的生物群体之一，具有独特的外形和生态功能。在进行昆虫摄影时，建议使用微距镜头，并尽量靠近拍摄主体。同时，选择清晨或傍晚光线柔和的时段进行拍摄，有助于呈现更好的效果。此外，需注重背景的简洁性，以此突出昆虫细节，运用浅景深效果能够使主体更加鲜明突出。

6.4.1 实战：瓢虫

拍摄瓢虫时，一般选择花朵或叶片上的个体，搭配微距镜头进行拍摄。注意利用清晨或傍晚的柔和自然光，采用低角度平视取景，以突出其色彩与纹理。

01 首先启动discord，进入个人创建服务器页面。

02 单击聊天对话框，选择"/imagine"文生图指令。

03 在指令框中输入英文提示词"Extreme macro shot of ladybug on a leaf, in the morning, sunlight, central composition --ar 3:4 --s 750."（极致微距拍摄叶片上的瓢虫，

早晨，阳光，中心构图）。

04 按Enter键，生成的AI摄影作品如图6-13所示。

图 6-13

6.4.2　实战：蜜蜂

拍摄蜜蜂时，建议使用微距镜头并搭配高速快门，定格翅膀高频振动的动态瞬间，选择花丛作为背景，通过浅景深虚化干扰元素，突出主体并展现蜜蜂的细节与忙碌状态。

01 首先启动discord，进入个人创建服务器页面。

02 单击聊天对话框，选择"/imagine"文生图指令。

03 在指令框中输入英文提示词"A bee collecting nectar from a flower, macro shot, close-up, focus, soft light --ar 3:4 --s 750."（一只蜜蜂在花朵上采花蜜，微距拍摄，特写镜头，对焦，柔光）。

04 按Enter键，生成的AI摄影作品如图6-14所示。

图 6-14

6.4.3 实战：蜻蜓

拍摄蜻蜓时，多利用长焦镜头捕捉其在枝头、荷叶等位置停歇时的静态美。注意选择简洁背景（如单一色系的水面、天空或植物），通过浅景深虚化干扰元素，并用浅景深突出其透明翅膀的纹路与光影。

01 首先启动discord，进入个人创建服务器页面。

02 单击聊天对话框，选择"/imagine"文生图指令。

03 在指令框中输入英文提示词"A dragonfly resting on a lotus flower in full bloom, macro shot, close-up, natural light, pond, summer, clean image, photo realism, high detail, high quality, 8K --ar 3:4."（一只蜻蜓停在一朵盛开的荷花上，微距拍摄，特写镜头，自然光，池塘，夏日，画面干净，照片写实主义，高细节，高品质，8K）。

04 按Enter键，生成的AI摄影作品如图6-15所示。

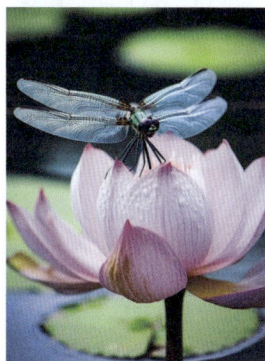

图 6-15

6.4.4 实战：蝴蝶

拍摄蝴蝶时，多选择晨光（低角度暖光）或傍晚时分（柔和斜射光），此时光线柔和且具有方向性，不易产生强光直射的生硬阴影。用微距镜头以特写构图捕捉其翅膀的细腻花纹，并通过精准对焦突出蝴蝶的优雅姿态。

01 首先启动discord，进入个人创建服务器页面。

02 单击聊天对话框，选择"/imagine"文生图指令。

03 在指令框中输入英文提示词"Slow movement, closeup, the butterfly flapping its wings, in the tropical rainforest of Xishuangbanna, soft light, DOF --ar 3:4."（慢动作，特写，蝴蝶拍打翅膀，西双版纳热带雨林，柔光，DOF）。

04 按Enter键，生成的AI摄影作品如图6-16所示。

图 6-16

6.5 两栖爬行类

两栖爬行类动物包括乌龟、鳄鱼、青蛙等，主要生活在水陆交替的环境中。拍摄两栖爬行动物时，通常选择湿润环境或清晨活跃时段，用微距或长焦镜头突出细节，低角度取景展现独特纹理和自然生态，注意利用散射光或清晨的斜射光营造柔和质感，通过控制景深或选择纯色背景确保背景简洁。

6.5.1 实战：青蛙

青蛙是一种两栖动物，卵产于水中，孵化成用鳃呼吸的蝌蚪，经过变异，成体主要用肺（兼用皮肤）呼吸。青蛙常栖息于河流、池塘和稻田等处，主要在水边的草丛中活动，有时也能在陆地生活。

01 首先启动discord，进入个人创建服务器页面。

02 单击聊天对话框，选择"/imagine"文生图指令。

03 在指令框中输入英文提示词"A frog standing and chirping on a lotus leaf in a pond, realistic modern photography, natural light, super detailed, high definition --ar 3:4."（一只青蛙站在池塘的荷叶上鸣叫，逼真的现代摄影，自然光，细节丰富，高清晰度）。

04 按Enter键，生成的AI摄影作品如图6-17所示。

图 6-17

6.5.2 实战：乌龟

拍摄乌龟时，宜采用低角度捕捉其移动姿态，远距离观察时使用长焦镜头避免惊扰主体，近距离特写时选用微距镜头，利用光线表现壳纹细节和自然背景。

01 首先启动discord，进入个人创建服务器页面。

02 单击聊天对话框，选择"/imagine"文生图指令。

03 在指令框中输入英文提示词"A turtle swimming in a water, water plants, rocks, moss, realistic modern photography, natural light, super detailed, high definition --ar 3:4."（在水里游泳的乌龟，水草，石头，青苔，逼真的现代摄影，自然光，细节丰富，高清晰度）。

04 按Enter键，生成的AI摄影作品如图6-18所示。

图 6-18

6.5.3 实战：蝾螈

拍摄蝾螈时，通常使用微距镜头捕捉其黏滑湿润的皮肤质感与体表纹理细节；采用贴近栖息环境的低角度平视构图，展现其与溪流、苔藓等自然栖息地的融合；利用漫射光或阴天自然光营造柔和质感，既避免皮肤反光，又能增强栖息地的湿润氛围。

01 首先启动discord，进入个人创建服务器页面。

02 单击聊天对话框，选择"/imagine"文生图指令。

03 在指令框中输入英文提示词"Salamander resting near a forest stream, vivid natural colors, moss-covered rocks, moist environment, glowing skin texture, soft sunlight filtering through trees, shallow depth of field, cinematic realism, intricate details, vibrant greens, bioluminescent effect, photorealistic, 8K resolution --ar 4:3."（蝾螈静卧在森林小溪旁，鲜艳的自然色彩，覆盖苔藓的岩石，湿润的环境，皮肤质感微微发光，柔和阳光穿过树木洒下，浅景深，电影级写实，细节丰富，充满活力的绿色，仿生荧光效果，照片级真实感，8K分辨率）。

04 按Enter键，生成的AI摄影作品如图6-19所示。

图 6-19

6.5.4 实战：鳄鱼

拍摄鳄鱼时，摄影师必须使用长焦镜头以确保自身安全。采用贴近水面的低角度仰拍，捕捉其伏击猎物的隐蔽姿态或头部露出水面的瞬间；利用侧光或逆光勾勒鳞片纹理的立体感，通过低角度仰拍强化其作为顶级捕猎者的威慑气势。

01 首先启动discord，进入个人创建服务器页面。

02 单击聊天对话框，选择"/imagine"文生图指令。

03 在指令框中输入英文提示词"Alligator in Florida, USA, Alligator perched in water, real photography, high quality, high detail, National Geographic shot --ar 3:4."（美国佛罗里达的鳄鱼，鳄鱼在水中栖息，真实摄影，高品质，高细节，国家地理拍摄）。

04 按Enter键，生成的AI摄影作品如图6-20所示。

图 6-20

AI 摄影: 生成多种植物照片

植物摄影是一种专注于捕捉和展示各种植物之美的摄影艺术类型，摄影师通过拍摄植物的花朵、叶子或整体景观，展现它们的色彩、纹理和形态。植物摄影需要细致的观察力和艺术感，才能捕捉到植物的细微细节和自然之美。

7

植物摄影通过合适的构图、光线和焦点设置，呈现出植物的生命力和独特之处。植物摄影不仅能够记录植物的美丽，还能起到对自然环境的尊重和保护之意。作为一种展示植物世界的艺术表现形式，植物摄影能让人们更深入地了解和欣赏自然的奇妙。

7.1　树木

树木既是自然界的绿色守护者，具有美化景观、提供氧气、防止土壤侵蚀等重要功能，又为我们提供了丰富、美味的果实，是生活中的美味来源。拍摄树木时应侧重展现其壮丽与生命力，捕捉树木的独特魅力，记录自然之美。

7.1.1　实战：松树

松树属于松科，是一种常绿乔木。它的叶子呈针状，可以减少水分蒸发，适应干旱环境。在摄影创作中，低角度拍摄松树是突出其挺拔姿态的经典手法，搭配山间背景更能强化自然与生机感。

01 首先启动discord，进入个人创建服务器页面。

02 单击聊天对话框，选择"/imagine"文生图指令。

03 在指令框中输入英文提示词"Pine trees on Huangshan Mountain, Guest-greeting pine, sunrise, sea of clouds, nature scenery --ar 3:4."（黄山上的松树，迎客松，日出，云海，自然风景）。

04 按Enter键，生成的AI摄影作品如图7-1所示。

图 7-1

第 7 章　AI 摄影：生成多种植物照片

7.1.2 实战：银杏树

银杏树属于银杏科，是一种落叶乔木。它的叶子呈扇形，在秋季会变成黄色，非常美丽。拍摄银杏的最佳时间通常是秋季，若要表现成片银杏林的全景，可以用广角镜头捕捉大面积金黄叶片的壮观画面。构图方面，若追求庄重感，可围绕树干中轴线采用对称构图，并保留地面规整的落叶作为衬托；若侧重自然野趣，可利用散落叶片的随机分布设计非对称构图，通过前景或背景元素增强画面层次感。

01 首先启动discord，进入个人创建服务器页面。

02 单击聊天对话框，选择"/imagine"文生图指令。

03 在指令框中输入英文提示词"Ginkgo tree beside the red wall of the Forbidden City, golden yellow leaves, red wall, autumn, a small amount of fallen leaves, sunshine, afternoon, clear sky, favorable wind, clean image, high detail, high quality, 8K, Canon camera --ar 3:4."（故宫红墙边的银杏树，金黄色的树叶，红墙，秋天，少量的落叶，阳光，下午，天朗气清，惠风和畅，画面干净，高细节，高品质，8K，佳能相机）。

04 按Enter键，生成的AI摄影作品如图7-2所示。

图7-2

7.1.3 实战：苹果树

苹果树属于蔷薇科，是一种落叶乔木，它的树皮呈灰褐色，枝条较脆，容易折断。苹果成熟时用广角镜头拍摄满树红果，低角度取景展现枝叶繁茂，通过光线突出果实的鲜艳色彩。

01 首先启动discord，进入个人创建服务器页面。

02 单击聊天对话框，选择"/imagine"文生图指令。

03 在指令框中输入英文提示词"Apple tree, red apples, ripe, blue sky, low angle shot, diagonal composition, clean and simple image, large area of white space, minimalism, sunny day, sunlight passes through the gaps in the leaves of the apple tree and creates dazzling starbursts --ar 3:4."（苹果树，红苹果，成熟，蓝天，低角度拍摄，对角线构图，画面干净简单，大面积留白，极简主义，晴天，阳光穿过苹果树叶的缝隙，形成耀眼的星芒）。

04 按Enter键，生成的AI摄影作品如图7-3所示。

图 7-3

7.1.4 实战：椰子树

椰子树属于棕榈科，是一种常绿乔木。椰子树的高度通常在15～30米，树干较粗壮，呈圆柱形。拍摄椰子树时多用广角镜头或仰拍视角展现其高大挺拔，通过选择蓝天白云为背景，以突出热带风情和树冠优美的弧形线条。

01 首先启动discord，进入个人创建服务器页面。

02 单击聊天对话框，选择"/imagine"文生图指令。

03 在指令框中输入英文提示词"Coconut trees in Hainan, sunny summer day, green fields, blue sea, white waves, rows of coconut trees, Sony camera --ar 3:4."（海南的椰子树，阳光明媚的夏天，绿地，蓝色的大海，白色的浪花，成排的椰树，索尼相机）。

04 按Enter键，生成的AI摄影作品如图7-4所示。

图 7-4

第 7 章 AI 摄影：生成多种植物照片

7.1.5 实战：柿子树

柿子树属于柿科，是一种落叶乔木。柿子树的高度通常在10～20米，树干较粗壮，呈灰褐色。柿子树一般选择在秋季拍摄，此时枝头挂满红柿，用长焦镜头捕捉果实与树枝的错落感，选择简洁背景衬托其浓郁的季节气息。

01 首先启动discord，进入个人创建服务器页面。

02 单击聊天对话框，选择"/imagine"文生图指令。

03 在指令框中输入英文提示词"Persimmon trees in the distance, tiled houses, old town, big mountains in the distance, fall/winter season, cloudy day, birds eating persimmons in the trees, telephoto shot, Sony camera, F4.5, clean image, high detail, high quality, super high resolution --ar 3:4."（远处的柿子树，瓦房，古镇，远处的大山，秋冬季节，阴天，树上有鸟儿在吃柿子，长焦拍摄，索尼相机，F4.5，画面干净，高细节，高品质，超高分辨率）。

04 按Enter键，生成的AI摄影作品如图7-5所示。

图 7-5

7.2 花卉

花卉类植物是自然界的美丽之源，展现着各种色彩和形态。花卉类植物摄影旨在捕捉它们的细节与艳丽的色彩，传达对自然美的赞美与欣赏。

7.2.1　实战：玫瑰

玫瑰是蔷薇科的代表花卉之一，以其丰富多样的形态、色彩和香气而闻名。通常使用微距镜头捕捉玫瑰花瓣的层叠形态与细腻纹理，采用低机位仰拍角度，通过透视关系强化花瓣的前后层次，展现花朵立体感。

01 首先启动discord，进入个人创建服务器页面。

02 单击聊天对话框，选择"/imagine"文生图指令。

03 在指令框中输入英文提示词"A rose estate, blooming roses, pink roses, blue sky, white clouds, lawn, soft natural colors, natural light, mix of sunlight and dappled shade, ethereal ambiance, dreamy --ar 3:4 --s 500."（玫瑰庄园，盛开的玫瑰花，粉色的玫瑰花，蓝天，白云，草坪，柔和自然的色彩，自然光，混合着阳光和斑驳的树荫，空灵的氛围，梦幻）。

04 按Enter键，生成的AI摄影作品如图7-6所示。

图 7-6

7.2.2　实战：百合

百合是百合科的代表花卉，以纯洁、高雅和宁静的象征意义而备受喜爱。拍摄时需着重展现百合的优雅线条、纯净的色彩和独特的花形。

01 首先启动discord，进入个人创建服务器页面。

02 单击聊天对话框，选择"/imagine"文生图指令。

03 在指令框中输入英文提示词"An elegant bouquet of lilies in a clear glass vase, white and pink lilies, staggered, placed beside the window, white curtains, green plants outside the window, sunlight, mixed with sunlight and dappled shade, gentle, serene, high detail, high quality, 8K, Rinko Kawauchi Photography Style --ar 3:4."（一束优雅的百合花插在透明的玻璃花瓶，白色和粉色的百合花，错落着，放在窗边，白色的窗帘，窗外绿色的植物，阳光照射，混合着阳光和斑驳的树荫，温柔，宁静，高细节，高品质，8K，川内伦子摄影风格）。

04 按Enter键，生成的AI摄影作品如图7-7所示。

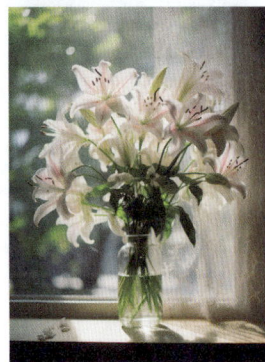

图 7-7

7.3　蔬菜

蔬菜类植物是我们日常饮食中不可或缺的一部分，提供丰富的营养和味道。蔬菜类植物摄影旨在展示蔬菜的色彩和多样性，让我们欣赏和了解它们的美妙。

7.3.1　实战：番茄

番茄，又称西红柿，是一种茄科茄属的草本植物，其果实呈扁球形或近球形，肉质多汁液，为橘黄或鲜红色，表面光滑，花果期在夏秋季。

01 首先启动discord，进入个人创建服务器页面。

02 单击聊天对话框，选择"/imagine"文生图指令。

03 在指令框中输入英文提示词"Vegetable garden, rows of tomato trees, outdoors, red tomatoes, sunshine after rain, fresh, healthy, high detail, high quality, realism --ar 3:4."（菜园，一排排的番茄树，户外，红色的番茄，雨后阳光，新鲜，健康，高细节，高品质，写实主义）。

04 按Enter键，生成的AI摄影作品如图7-8所示。

图 7-8

7.3.2　实战：黄瓜

黄瓜是一种果实，通常是绿色的，也有一些品种是黄色或白色的。拍摄黄瓜时，可用浅景深突出表面纹理和新鲜感，以自然生长的藤蔓或花朵为背景，展现农田中的自然质朴气息。

01 首先启动discord，进入个人创建服务器页面。

02 单击聊天对话框，选择"/imagine"文生图指令。

03 在指令框中输入英文提示词"Cucumber vine, rural in China, climbing vine along the wall of a mud house with ripe cucumbers and a few blooming cucumber flowers, fresh, bountiful harvest, sunshine, blue sky, fresh air --ar 3:4."（黄瓜藤，中国农村，在泥瓦房的墙边爬藤，藤上有成熟的黄瓜，还有几朵盛开的黄瓜花，新鲜，丰收，阳光，蓝天，空气新鲜）。

04 按Enter键，生成的AI摄影作品如图7-9所示。

图 7-9

7.3.3　实战：芹菜

芹菜是一种茎部发达的蔬菜，通常有绿色的叶子。在摄影中，可通过简洁构图突出绿色与健康的主题，同时运用自然光线与细节表现，营造出纯粹有机的自然风格。

01 首先启动discord，进入个人创建服务器页面。

02 单击聊天对话框，选择"/imagine"文生图指令。

03 在指令框中输入英文提示词"Vegetable garden, land planted with a patch of celery, lush, sunny, fresh, overhead angle shot --ar 3:4."（菜园，土地里种植了一片芹菜，郁郁葱葱，阳光，新鲜，俯视角拍摄）。

04 按Enter键，生成的AI摄影作品如图7-10所示。

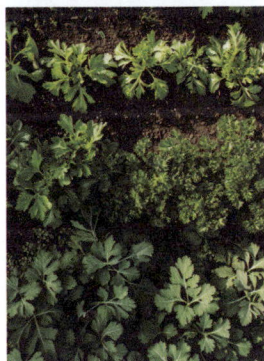

图 7-10

7.4　草本植物

草本植物呈现出各种形态，丰富了自然景观。草本植物摄影旨在捕捉草本植物细腻纹理和独特姿态，展现自然多样性和生命力。

7.4.1　实战：玉米

玉米是禾本科玉蜀黍属的一年生草本植物，通常分为甜玉米和糯玉米等类型。摄影中可着重展现玉米成熟期挺拔的茎秆与饱满的果穗，突出丰收景象。

01 首先启动discord，进入个人创建服务器页面。

02 单击聊天对话框，选择"/imagine"文生图指令。

03 在指令框中输入英文提示词"A cornfield, ripe corn, big sun --ar 3:4."（玉米地，成熟的玉米，灿烂的阳光）。

04 按Enter键，生成的AI摄影作品如图7-11所示。

图 7-11

7.4.2　实战：水稻

水稻是世界上最重要的粮食作物之一。拍摄水稻时可采用俯拍视角，或者对水稻进行微距拍摄，展现稻粒沉甸甸的垂坠感。

01 首先启动discord，进入个人创建服务器页面。

02 单击聊天对话框，选择"/imagine"文生图指令。

03 在指令框中输入英文提示词"Rice, green rice, morning light, fresh, vibrant, dewdrops, close up --ar 3:4."（水稻，绿油油的水稻，晨光，清新，生机勃勃，露珠，近距离拍摄）。

04 按Enter键，生成的AI摄影作品如图7-12所示。

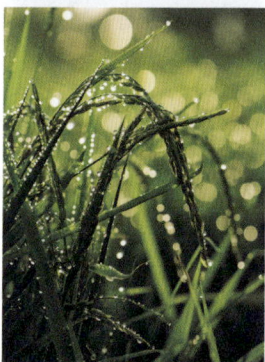

图7-12

7.4.3　实战：三叶草

三叶草是一种草本植物，叶子呈心形或圆形，通常有三片叶子，偶尔也会出现四叶或五叶的变异个体。拍摄时可选择微距镜头捕捉三叶草的独特形态，以雨后叶片挂珠的湿润场景或清晨带露珠的清新时刻为背景，通过浅景深营造清新自然的视觉效果。

01 首先启动discord，进入个人创建服务器页面。

02 单击聊天对话框，选择"/imagine"文生图指令。

03 在指令框中输入英文提示词"There are small crystal clear droplets of water on the clover ,which makes the image full of vitality, nature, sunlight, colorful sunlight --ar 3:4."（三叶草中有晶莹剔透的小水珠，让画面充满了生命力，大自然，阳光，彩色的阳光）。

04 按Enter键，生成的AI摄影作品如图7-13所示。

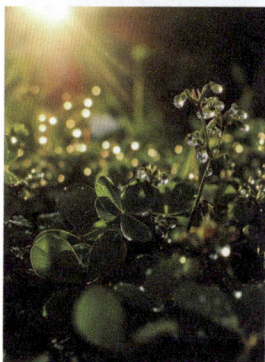

图7-13

7.5 多肉植物

多肉类植物以其独特的叶型和肉质叶吸引人眼球。多肉类植物摄影旨在展现多肉植物的色彩和纹理，从而展示出独特的生命力和魅力。

7.5.1 实战：蓝石莲

蓝石莲是一种景天科拟石莲花属的多肉植物，也被称为皮氏石莲花。蓝石莲的叶子呈蓝粉厚重的色泽，并且有清晰的脉络。拍摄蓝石莲时可使用微距镜头突显莲座的层叠结构，以深灰色或黑色背景衬托，强化其神秘质感。

01 首先启动discord，进入个人创建服务器页面。

02 单击聊天对话框，选择"/imagine"文生图指令。

03 在指令框中输入英文提示词"Succulent, a pot with a Desmetiana in it, placed on a window balcony, sunlight scattering through the window,close-up --ar 3:4."（多肉，盆里有一株蓝石莲，放在带窗户的阳台上，窗外阳光散射，特写镜头）。

04 按Enter键，生成的AI摄影作品如图 7-14 所示。

图 7-14

7.5.2 实战：球形仙人掌

球形仙人掌是一种体型呈球形的仙人掌，通常比较小，但在仙人掌科中也有一些大型的球形仙人掌品种。拍摄球形仙人掌的独特纹理与刺状结构，选择斜射光增强立体感，背景简洁突出其自然野性。

01 首先启动discord，进入个人创建服务器页面。

02 单击聊天对话框，选择"/imagine"文生图指令。

03 在指令框中输入英文提示词"Spherical cactus growing in Mexico, botanical garden, outdoors, blue sky and white clouds --ar 3:4."（生长在墨西哥的球形仙人掌，植物园，户外，蓝天白云）。

04 按Enter键，生成的AI摄影作品如图 7-15 所示。

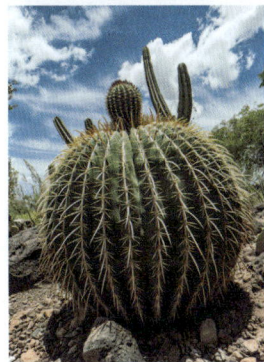

图 7-15

7.5.3 实战：巨人柱

巨人柱是一种仙人掌科的大型植物，其高度可以达到15米以上，茎干非常粗壮，有的甚至直径可以达到2米，并且有很深的棱沟，呈灰白色。可选择仰拍巨人柱的高大形态，蓝天或沙漠背景衬托壮丽风景，日出或日落时光线柔和更能凸显其雄伟气质。

01 首先启动discord，进入个人创建服务器页面。

02 单击聊天对话框，选择"/imagine"文生图指令。

03 在指令框中输入英文提示词"Giant's Column, vast expanse of ground with a large area of giant's columns growing, Cactus National Park in the U.S.A., blooming, red evening sunlight, foliages as the foreground, National Geographic shot --ar 3:4."（巨人柱，广阔的地面上生长着大片的巨人柱，生长在美国仙人掌国家公园里，开花，红色的晚霞，前景有树叶，国家地理拍摄）。

04 按Enter键，生成的AI摄影作品如图7-16所示。

图 7-16

7.6 水生植物

水生类植物生长在水中，给湖泊和水域增添了生机。水生类植物摄影旨在展示这类植物的柔美和静谧，并展现水下世界的神秘和美丽。

7.6.1 实战：荷花

荷花的花朵非常美丽，花瓣通常为白色、粉红色或红色，花朵直径在10～20厘米，有清香。拍摄荷花时宜选择清晨柔光，利用侧逆光角度突显花瓣纹理，通过仰拍或平拍展现荷花的亭立之姿。还可以利用大光圈虚化背景，在画面中适当留白，营造东方意境。清晨时段可着重捕捉花瓣上的露珠或停留的豆娘，为画面增添生机。

01 首先启动discord，进入个人创建服务器页面。

02 单击聊天对话框，选择"/imagine"文生图指令。

03 在指令框中输入英文提示词"Lotus, transparent petals, rainy day, pastel background, sense of space, HD, high realistic, simple, photography, close up, bokeh depth of field, out of focus --ar 3:4."（荷花，清透的花瓣，雨天，柔和的背景，空间感，高清，高逼真度，简单，摄影，特写，虚化景深，失焦）。

04 按Enter键，生成的AI摄影作品如图7-17所示。

图 7-17

7.6.2 实战：睡莲

睡莲的叶子呈心形或圆形，表面光滑，叶柄细长。拍摄睡莲时可使用大光圈镜头营造浅景深效果，突出花朵、倒影与水波间的静谧美感。

01 首先启动discord，进入个人创建服务器页面。

02 单击聊天对话框，选择"/imagine"文生图指令。

03 在指令框中输入英文提示词"Water lily, detail, green leaves and red flowers, romantic, lake shimmering, sunlight --ar 3:4."（睡莲花，细节，绿色的叶子与红色的花，浪漫，湖面波光粼粼，阳光）。

04 按Enter键，生成的AI摄影作品如图7-18所示。

图 7-18

7.7 蕨类植物

蕨类植物是古老而美丽的植物群体，带有独特的羽状叶子。蕨类植物摄影旨在呈现出它们细腻的纹理和优雅的姿态，展示自然的古朴魅力。

7.7.1 实战：鸟巢蕨

鸟巢蕨属于蕨类植物的一种，多分布于热带雨林地区，常见于树干上或林木下的岩石上，鸟巢蕨喜欢高温、湿润的生长环境。拍摄鸟巢蕨时可通过展现湿润环境和柔和光线，增强其自然清新的质感。

01 首先启动discord，进入个人创建服务器页面。

02 单击聊天对话框，选择"/imagine"文生图指令。

03 在指令框中输入英文提示词"Bird's nest fern, growing in a semi-shade environment, moist, lush, close-up of plant --ar 3:4."（鸟巢蕨，生长在半荫环境，湿润，茂盛，植物特写）。

04 按Enter键，生成的AI摄影作品如图7-19所示。

图 7-19

7.7.2 实战：波士顿蕨

波士顿蕨生命力极强，栽培容易，具有奇特的叶形叶姿和青翠碧绿的色彩，无论在室内室外都是相当美观的观赏植物。在自然光线下拍摄波士顿，可以利用浅色墙面或绿色草坪等背景衬托，凸显其繁茂姿态与装饰性美感。

01 首先启动discord，进入个人创建服务器页面。

02 单击聊天对话框，选择"/imagine"文生图指令。

03 在指令框中输入英文提示词"Boston fern, verdant turquoise color, grows in a semi-shade environment, warm, bright light diffusion, close-up of plant --ar 3:4."（波士顿蕨，青翠碧绿的色彩，生长在半荫环境，温暖，明光散射，植物特写）。

04 按Enter键，生成的AI摄影作品如图7-20所示。

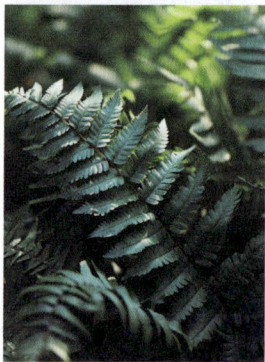

图 7-20

7.8 苔藓类植物

苔藓类植物小而美，多覆盖在地表和岩石上。苔藓类植物摄影旨在展示它们独特的纹理和细腻之美，渲染自然、简约和恬静的画面氛围。

7.8.1 实战：苔藓

苔藓是一种小型绿色植物，属于苔藓植物门，通常生长在潮湿的环境中，如森林、沼泽地和岩石上。拍摄时可用微距镜头捕捉苔藓的细小结构与鲜绿色彩，选择雨后时段拍摄可增强叶片湿润得质感，采用贴近苔藓表面的极低角度拍摄，展现其与环境的自然融合感。

01 首先启动discord，进入个人创建服务器页面。

02 单击聊天对话框，选择"/imagine"文生图指令。

03 在指令框中输入英文提示词"A rock covered with moss, close-up shot, humid environment, after rain, water droplets, nature's wonderful, natural light --ar 3:4."（一块石头上覆盖着苔藓，特写镜头，潮湿环境，雨后，水珠，大自然的美妙，自然光）。

04 按Enter键，生成的AI摄影作品如图 7-21 所示。

7.8.2 实战：地衣

地衣是一种特殊的复合体，由真菌和藻类共生而成。拍摄地衣时常用微距镜头拍摄地衣的纹理和独特形态，以简洁背景衬托其色彩与纹理细节。

01 首先启动discord，进入个人创建服务器页面。

02 单击聊天对话框，选择"/imagine"文生图指令。

03 在指令框中输入英文提示词"Extreme macro shot of lichen growing on the bark of a tree, close-up shot with plenty of sunlight --ar 3:4."（极致微距拍摄生长在树皮上的地衣，特写镜头，阳光充足）。

04 按Enter键，生成的AI摄影作品如图 7-22 所示。

图 7-21

图 7-22

第 8 章

AI 摄影：生成

各类美食照片

美食摄影是一门专注于捕捉和展示美味食物的摄影艺术类型。通过巧妙的构图、光线和色彩的运用，美食摄影师能够将食物的诱人之处传递给观者。他们注重细节，将每一道菜肴拍摄得精美而诱人，让观者能够感受到食物的质感、香气和口感。

8

美食摄影不仅展示了美味食物本身，还能通过背景、摆设等元素传递出独特的故事和情感，让观者产生共鸣并激起对美食的渴望。通过美食摄影，人们可以欣赏到食物的艺术之美，并被启发去探索和品味更多的美食。

8.1 商业美食

商业美食拍摄是为了宣传和推广食物而进行的专业摄影拍摄。通过精心构图和调整，展示食物的美味和诱人特点，吸引消费者的眼球、刺激消费者的味蕾。

8.1.1 实战：飞溅

食物飞溅的效果可以使用高速摄影机或相机连拍拍摄，以捕捉食物飞溅的瞬间。

01 首先启动discord，进入个人创建服务器页面。

02 单击聊天对话框，选择"/imagine"文生图指令。

03 在指令框中输入英文提示词"Commercial shot of juicy burger, simple background, splash, extremely detailed, photorealistic, 4K --ar 3:4."（多汁汉堡的商业镜头，简约背景，飞溅，超精细细节，逼真，4K）。

04 按Enter键，生成的AI摄影作品如图8-1所示。

图 8-1

8.1.2 实战：火焰

食物火焰效果通过设置较快的快门速度捕捉火焰的动态效果来实现。这样的效果可以增加食物的视觉吸引力，营造一种热烈、兴奋的氛围。

01 首先启动discord，进入个人创建服务器页面。

02 单击聊天对话框，选择"/imagine"文生图指令。

03 在指令框中输入英文提示词"Food photography, grilled chicken on the BBQ rack, with flames and sparks --ar 3:4."（食品摄影，烤架上的烤鸡，火焰和火花）。

04 按Enter键，生成的AI摄影作品如图 8-2 所示。

图 8-2

8.1.3 实战：滴落

选择适合呈现滴落效果的食材，如牛奶、巧克力酱、糖浆等，这些食材可以呈现出丝滑、稠密的质感，为画面增加视觉效果。

01 首先启动 discord，进入个人创建服务器页面。

02 单击聊天对话框，选择"/imagine"文生图指令。

03 在指令框中输入英文提示词"Food photography, chocolate sauce dripping, onto a pile of pancake, with whipped cream and strawberry, front shot --ar 3:4."（食品摄影，巧克力酱滴落在薄饼上，配鲜奶油和草莓，正面拍摄）。

04 按Enter键，生成的AI摄影作品如图8-3所示。

图 8-3

8.1.4 实战：水滴

食物水滴效果能够展现食材的新鲜度和质感。这种拍摄效果经常用于美食摄影和广告摄影等领域中，起到吸引观众的注意力并增强画面的美感的作用。

01 首先启动discord，进入个人创建服务器页面。

02 单击聊天对话框，选择"/imagine"文生图指令。

03 在指令框中输入英文提示词"Food photography, a peach, macro shot of water droplets, front light --ar 3:4."（食品摄影、水蜜桃、水滴的微距拍摄，正面顺光）。

04 按Enter键，生成的AI摄影作品如图8-4所示。

图 8-4

8.1.5 实战：粉尘

食物表面的粉尘效果可以通过一些技巧来实现。例如，可以使用食物搅拌器或打蛋器搅动产生一定的粉尘，或者使用面粉等材料来模拟粉尘效果，以增强食物的视觉冲击力。

01 首先启动discord，进入个人创建服务器页面。

02 单击聊天对话框，选择"/imagine"文生图指令。

03 在指令框中输入英文提示词"Commercial photography, powerful yellow powder explosion, pizza, black background, bright environment, white lighting, studio lighting, OC rendering, super detail, solid color isolation platform, professional photography, color grading --ar 3:4."（商业摄影，高动态黄色粉末飞溅，比萨，黑色背景，明亮环境，白色灯光，工作室灯光，Octane渲染、细节丰富，无缝静物台，专业摄影，专业调色）。

04 按Enter键，生成的AI摄影作品如图8-5所示。

图 8-5

8.1.6 实战：水花

食物的水花拍摄效果通常能够展现出食材的新鲜度和质感，以及水珠滑落的动态美。通过拍摄水花在食物上飞溅的瞬间，能够展现出水珠的晶莹剔透和出色的光影效果，从而增强画面的视觉冲击力。

01 首先启动 discord，进入个人创建服务器页面。

02 单击聊天对话框，选择"/imagine"文生图指令。

03 在指令框中输入英文提示词"Fresh meat of all kinds, seamless background, dropping in the water, splash water, shot using a Leica camera, professional color grading, a award-winning work, advertising photography, clean sharp focus, high - end compositing, commercial photography, soft shadow 8K --ar 3:4."（各种新鲜的肉，无缝背景，掉落在水中，水花飞溅动态，使用徕卡相机拍摄，专业色彩分级，获奖摄影作品，广告摄影，焦点锐利清晰，影视级合成技术，商业摄影柔光效果，8K超高清画质）。

04 按 Enter 键，生成的 AI 摄影作品如图 8-6 所示。

图 8-6

8.1.7 实战：敲打桌子

边敲打桌子边拍摄食物通常能够展现出食物的质感和动态效果，以及由敲打桌子带来的冲击力和节奏感。这一拍摄手法通常用于表现食物的弹性和活力，或者用于强调紧张、激烈的气氛。

01 首先启动discord，进入个人创建服务器页面。

02 单击聊天对话框，选择"/imagine"文生图指令。

03 在指令框中输入英文提示词"Food Photography, a pile of nachos hitting on the table, on the cornflakes there are cheese, tomato, onion and lime, front shot --ar 3:4."（食物摄影，桌上洒落一堆玉米脆片，上面有奶酪、西红柿、洋葱和青柠，正面拍摄）。

04 按Enter键，生成的AI摄影作品如图8-7所示。

图 8-7

8.1.8 实战：烤饼干

烤箱中饼干的拍摄能够呈现饼干香脆可口、色泽诱人的特点。

01 首先启动discord，进入个人创建服务器页面。

02 单击聊天对话框，选择"/imagine"文生图指令。

03 在指令框中输入英文提示词"Food photography, Extreme close-up, soda crackers on a silver cooling rack, Sesame, in Alasdair McLellan style, ISO 200, Joel Robinson style, smooth surface, orange background, 500-1000 ce, hyfine detail, light depth of field, --ar 3:4."（食品摄影，极特写，银色冷却架上的苏打饼干，芝麻，采用 Alasdair McLellan 风格，ISO 200，Joel Robinson 风格，光滑表面，橙色背景，500-1000ce，细节细腻，景深较浅）。

04 按Enter键，生成的AI摄影作品如图8-8所示。

图 8-8

8.1.9 实战：真空包装

想要生成真空包装食物的照片，需要输入与真空包装食物相关的提示词，尽量详细地描述食物的形状、颜色、纹理、光影等特征。

01 首先启动 discord，进入个人创建服务器页面。

02 单击聊天对话框，选择"/imagine"文生图指令。

03 在指令框中输入英文提示词"Minimalistic fresh protection packed bread floating inside a white studio --ar 3:4."（白色摄影棚内拍摄漂浮着的简约的保鲜包装的面包）。

04 按 Enter 键，生成的 AI 摄影作品如图 8-9 所示。

图 8-9

8.2 早餐照片

　　早餐照片旨在展示丰盛的早餐食物，唤起人们的食欲和展现早晨的美好时光。中式早餐热粥、包子等，展现家常温暖；西式早餐例如煎蛋、培根等，呈现出丰富多样的早晨选择。

8.2.1 实战：中式

　　中式早餐通常包括包子、油条、豆浆、豆腐脑、煎饼馃子等食物。这些食物在中国的饮食文化中有着悠久的历史，并且深受广大人民群众的喜爱。

　　01 首先启动discord，进入个人创建服务器页面。

　　02 单击聊天对话框，选择"/imagine"文生图指令。

　　03 在指令框中输入英文提示词"Chinese breakfast, buns, soy milk, deep-fried dough sticks, dumplings, etc, appetite, plump and juicy, overlooking, still life shooting, super details, high-definition 8K --ar 3:4."（中国早餐，包子，豆浆，油条，饺子等，有食欲感，饱满多汁，俯视，静物拍摄，超级细节，高清8K）。

　　04 按Enter键，生成的AI摄影作品如图8-10所示。

图 8-10

8.2.2 实战：西式

　　西式早餐通常包括面包、煎蛋、香肠、培根、薯饼等食物。这些食物在西方文化中是非常经典的早餐选择。西式早餐的烹饪方式以煎、烤、炸为主，注重的是口感和外观的精致。

　　01 首先启动discord，进入个人创建服务器页面。

　　02 单击聊天对话框，选择"/imagine"文生图指令。

03 在指令框中输入英文提示词"Toast and butter, breakfast, in a hotel bedroom, sea view outside the window, food photography, michelin star, mouthwatering and enticing presentation, golden hour, shallow depth of field, very real colors and comfortable light --ar 3:4."（烤面包加黄油，早餐，酒店卧室，窗外海景，美食摄影，米其林星级，令人垂涎和诱人的呈现，黄金时间，浅景深，非常真实的色彩和舒适的光线）。

04 按Enter键，生成的AI摄影作品如图8-11所示。

图 8-11

8.3　甜点照片

　　甜点照片主要表现甜品的诱人之处，通过精心安排的构图和照明，展现甜点的色彩、质感和美味，为观者提供味觉和视觉的双重享受。

8.3.1　实战：西式甜点

　　西式甜点是指源自欧美的各种甜点，包括蛋糕、曲奇、巧克力等。它们通常具有丰富的口感和精美的外观，给人带来美味和享受。

1. 提拉米苏

　　提拉米苏是一种以手指饼干、马斯卡彭芝士、咖啡酒和可可粉等为主要原料制作的意大利式糕点，融合了芝士的浓郁、咖啡酒的苦甜和手指饼干的绵密等丰富的口感。

01 首先启动discord，进入个人创建服务器页面。

02 单击聊天对话框，选择"/imagine"文生图指令。

03 在指令框中输入英文提示词 "A white plate with a piece of tiramisu cake with two blueberries on it, a knife and fork next to the cake, and a cup of coffee in front of the table, in a minimalist style, with a lot of white space in the picture, a white tablecloth, a triangular composition, and a high perspective shot --ar 3:4."（一只白色的盘子上摆放着一块提拉米苏蛋糕，上面有两颗蓝莓，蛋糕旁边放着刀叉，桌子前面放着一杯咖啡，简约风格，画面留白多，白色的桌布，三角形构图，高视角拍摄）。

04 按Enter键，生成的AI摄影作品如图8-12所示。

图 8-12

2. 苹果派

苹果派是一种以苹果为主要馅料，加上糖、香料、黄油等调料，再以面团作为外皮烤制而成的西式糕点。它的口感香甜可口，外皮酥脆，馅料软糯，苹果的香味浓郁。

01 首先启动discord，进入个人创建服务器页面。

02 单击聊天对话框，选择 "/imagine" 文生图指令。

03 在指令框中输入英文提示词 "A light brown wooden plate holds a very large piece of apple pie with a bit of whipped cream and a strawberry as garnish, and the table is set with small dolls in a warm, festive atmosphere --ar 3:4."（一只浅棕色的木盘上放着一块非常大的苹果派，苹果派上有一点奶油和一个草莓作为装饰，桌子上摆放着小玩偶，温暖，节日氛围）。

04 按Enter键，生成的AI摄影作品如图8-13所示。

图 8-13

8.3.2 实战：中式甜点

中式甜点是指中国各种传统甜点，包括汤圆、月饼、糕点等。它们多以糯米、豆沙、坚果等为主要材料，口感独特，香甜可口，富有文化内涵。

1．姜撞奶

姜撞奶是一种广东特色小吃，是广东珠江三角洲一带汉族传统美食，属于粤菜。该小吃以姜汁和牛奶为主要原料加工制作而成，味道香醇爽滑，甜中微辣，风味独特且有暖胃表热作用。

01 首先启动discord，进入个人创建服务器页面。

02 单击聊天对话框，选择"/imagine"文生图指令。

03 在指令框中输入英文提示词"Food photography, a woven plate with a bowl of ginger crushed milk in a celadon bowl, milk is being added to the bowl, and a piece of ginger sits next to the plate, clean and full image --ar 3:4."（美食摄影，一只编织制盘子里放着一碗用青花瓷碗装好的姜撞奶，正在往碗里到牛奶，盘子旁边还放着一块生姜，画面干净饱满）。

04 按Enter键，生成的AI摄影作品如图8-14所示。

图 8-14

2．绿豆糕

绿豆糕是一种以绿豆、糖、油等为主要原料制作而成的传统糕点，具有悠久的历史和文化背景。绿豆糕形状整齐，色泽浅黄，组织细润紧密，清香绵软不粘牙。

01 首先启动discord，进入个人创建服务器页面。

02 单击聊天对话框，选择"/imagine"文生图指令。

03 在指令框中输入英文提示词"A rectangular Chinese plate holds three square pieces of mung bean cake with Chinese floral patterns carved on it, a cup of tea is placed next to the cake, fresh, natural light, spring, and the image is clean and simple --ar 3:4."（一只长方形的中式盘子里摆放着三块正方形的绿豆糕，绿豆糕上雕刻着中式花纹，旁边摆放着一杯茶，清新，自然光，春天，画面干净简单）。

04 按Enter键，生成的AI摄影作品如图8-15所示。

图 8-15

8.3.3 实战：日式甜点

日式甜点是指各种日本传统甜点，如铜锣烧、和果子、大福等。日式甜点追求简约而精致的外观，以抹茶和红豆为常见的主要原料，口感细腻，给人带来和谐的美味体验。

1. 大福

大福是一种圆形的日式甜点，通常由糯米外皮和豆沙馅组成。用糯米粉制成的外皮具有黏糯的口感。豆沙馅通常是红豆沙，也可以使用其他豆类或水果作为馅料。

01 首先启动discord，进入个人创建服务器页面。

02 单击聊天对话框，选择"/imagine"文生图指令。

03 在指令框中输入英文提示词"Japanese dessert daifuku, strawberry daifuku, close-up display, one is cut, one is intact, placed on plate, bright light, white plate, lovely --ar 3:4."（日本甜点大福，草莓大福，特写展示，一个切开，一个完整的大福，摆放在盘子里，明亮的光线，白色的盘子，可爱）。

04 按Enter键，生成的AI摄影作品如图8-16所示。

图 8-16

2. 铜锣烧

铜锣烧是一种类似于蛋糕的双层饼干,由两个圆形蛋糕片中间夹上豆沙馅制成。铜锣烧因其外形类似于传统的日本乐器铜锣而得名。铜锣烧的外皮酥脆,内馅柔软,豆沙馅通常是红豆沙,也可以使用其他豆类或水果作为馅料。

01 首先启动discord,进入个人创建服务器页面。

02 单击聊天对话框,选择"/imagine"文生图指令。

03 在指令框中输入英文提示词"Two dorayaki placed on a plate, with two strawberries on the plate, beside them are coffee and an open magazine, the scene is leisurely, with a wooden table, warm tones, triangular composition, a clean image, with lots of negative space --ar 3:4."(两个铜锣烧摆放在盘子里,盘子里有两颗草莓,旁边还摆放着咖啡和翻开的杂志,悠闲,木桌,温暖,三角形构图,画面干净,留白多)。

04 按Enter键,生成的AI摄影作品如图 8-17 所示。

图 8-17

8.3.4　实战：地方特色甜点

我国地大物博，很多地区都有独具地方特色的甜品和糕点，比如源自我国香港地区的鸡蛋仔、芒果班戟、菠萝包等，它们口感丰富，甜度适中，融合了中西文化，给人带来独特的港式风味和美食体验。

1. 菠萝包

菠萝包是一种甜味面包，名字来源于其外形。菠萝包外层是脆皮，口感酥脆，味道香甜。

01 首先启动 discord，进入个人创建服务器页面。

02 单击聊天对话框，选择"/imagine"文生图指令。

03 在指令框中输入英文提示词"Pineapple buns shot, some pineapple buns displayed in bakery window ,display, detail, warm light, warmth, clean, simple, cozy image --ar 3:4."（菠萝包拍摄，面包店的橱窗里展示着一些菠萝包，展示，细节，暖色光线，温暖，画面干净，简单，温馨）。

04 按 Enter 键，生成的 AI 摄影作品如图 8-18 所示。

图 8-18

2. 杨枝甘露

杨枝甘露是一种由芒果、西柚、西米和椰奶等食材制成的甜品。其口感丰富，融合了芒果的甜味、西柚的酸味和西米的Q弹口感，同时还有椰奶的香味。

01 首先启动 discord，进入个人创建服务器页面。

02 单击聊天对话框，选择"/imagine"文生图指令。

03 在指令框中输入英文提示词"Mango pomelo sago, a bowl of Mango pomelo sago with mango, sago, grapefruit, coconut milk, a mint leaf as garnish, sunshine, a white table, greenery --ar 3:4."（杨枝甘露，一碗杨枝甘露，里面有芒果，西米，西柚，椰奶，有一片薄荷叶作为装饰，阳光，白色的餐桌，绿荫）。

04 按 Enter 键，生成的 AI 摄影作品如图 8-19 所示。

图 8-19

8.4 美食场景

美食场景摄影通过构建和布置独特的拍摄环境，将食物放置在适合的背景下，创造出饮食体验的氛围和故事，突出食物的美味和特色。

8.4.1 实战：家常烟火

家常烟火美食是指在家里烹饪的、简单而美味的食物，通常是由家庭成员亲手制作的。这种美食因为不是由专业的厨师或餐厅制作，而是由家人或朋友亲手制作，因而具有亲切、温暖、真实的特点。

01 首先启动discord，进入个人创建服务器页面。

02 单击聊天对话框，选择"/imagine"文生图指令。

03 在指令框中输入英文提示词"Chinese New Year's Eve , rural cooking scene, kitchen, smell of cooking, smoking, big pot stir-frying, steamer, various dishes placed on the stove, preserved meet hanging on the roof, red chili peppers and corn hanging on the wall, no people, wood-fired rice, traditional Chinese festival atmosphere, Spring Festival ambience, old house, shot with warm colors, warmth --ar 3:4."（除夕夜，农村做饭场景，厨房，烟火气，冒烟，大锅炒菜，蒸笼，各种菜摆放在灶台上，屋顶上挂着腊肉，墙上挂着红辣椒和玉米，没有人，柴火饭，中国传统节日氛围，春节氛围，老房子，暖色调拍摄，温暖）。

04 按Enter键，生成的AI摄影作品如图 8-20 所示。

图 8-20

8.4.2 实战：民俗传统

饺子是北方过年时必吃的传统食品，取"更岁交子"之意，象征财源广进、团圆吉祥。饺子因其形状像元宝，有着招财进宝的寓意。饺子馅多种多样，有猪肉大葱、韭菜鸡蛋、三鲜等。

01 首先启动discord，进入个人创建服务器页面。

02 单击聊天对话框，选择"/imagine"文生图指令。

03 在指令框中输入英文提示词"On the table, there is a plate of steaming hot dumplings, the photo is taken from a front view, with a light-colored wooden table, the window has red paper-cut decorations, featuring Chinese elements and a festival atmosphere, the image has warm tones with sunlight streaming in."（桌面上放着一盘热气腾腾的饺子，正面视角拍摄，浅色木桌，窗户上有红色的窗花，中国元素，节日氛围，喜庆，画面是暖色调，阳光）。

04 按Enter键，生成的AI摄影作品如图8-21所示。

图 8-21

8.4.3 实战：禅茶心语

中国的茶文化源远流长，是中华文化的重要组成部分之一。茶文化的精致和雅致一般可以通过拍摄茶具和茶室来展示。拍摄时，注意选择合适的拍摄角度和构图方式，注重光线的运用，营造出柔和、温暖的光线效果。

01 首先启动discord，进入个人创建服务器页面。

02 单击聊天对话框，选择"/imagine"文生图指令。

03 在指令框中输入英文提示词"Green tea, a Chinese white porcelain teapot with a couple of small teacups next to it, zen, laid back, plain, the flavor of tea floats, cinematic shot, Hasselblad photo, high detail, photographic lighting, spatial aesthetics shot, still life, outdoors, natural light, poetic, oriental aesthetics, clean image, negative space, delicate details --ar 3:4."（中国白色瓷器茶壶中的绿茶，旁边放着几盏小茶杯，禅意，悠闲，素净，茶飘香，电影镜头，哈苏拍摄的照片，高细节，摄影照明，空间美学镜头，静物，户外，自然光，诗意，东方美学，画面干净，留白，细节精致）。

04 按Enter键，生成的AI摄影作品如图8-22所示。

图 8-22

第 8 章　AI 摄影：生成各类美食照片

8.4.4 实战：童年软糖

这是一个充满对纯真生活温馨回忆的场景，让人回想起那些无忧无虑的日子，那些与小伙伴们一起玩耍、学习和分享美好的甜蜜时光。

01 首先启动discord，进入个人创建服务器页面。

02 单击聊天对话框，选择"/imagine"文生图指令。

03 在指令框中输入英文提示词"A clear jar with a few gummy bears on a desk in a child's bedroom, pencils and erasers scattered nearby, exercise books, food photography, bright setting, golden hour, childhood, mouthwatering and inviting presentation, very realistic colors and comfortable light, Chinese 90's background --ar 3:4."（一个透明罐子装着几颗小熊软糖，在孩子卧室的书桌上，铅笔橡皮散落在附近，作业本，食物摄影，明亮的环境，黄金时刻，童年，令人垂涎和诱人的呈现，非常真实的色彩和舒适的光线，中国90年代背景）。

04 按Enter键，生成的AI摄影作品如图8-23所示。

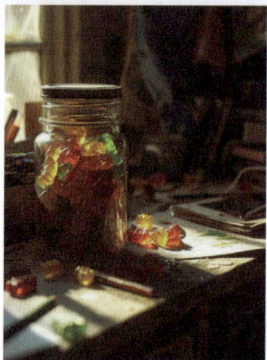

8.4.5 实战：意大利街头

将意大利传统美食比萨与意大利街头场景结合能够展现出意大利的文化和风情，让人感受到意大利美食的诱人之处和文化的魅力。

01 首先启动discord，进入个人创建服务器页面。

02 单击聊天对话框，选择"/imagine"文生图指令。

03 在指令框中输入英文提示词"Traditional Italian pizza, streets of Italy as backgrourd, shot using a Hasselblad camera, ISO 100, soft light, award-winning photograph, color grading, commercial retouching, fine art, advertising photography, commercial photography, high resolution --ar 3:4."（意大利传统比萨，背景为意大利街头，使用哈苏相机拍摄，ISO 100，柔和的光线，获奖照片，色彩分级，商业修图，美术，广告摄影，商业摄影，高分辨率）。

04 按Enter键，生成的AI摄影作品如图8-24所示。

图 8-23

图 8-24

第 9 章

AI 摄影:
生成各类产品照片

产品摄影是摄影领域中的一种类型,主
要关注拍摄商品、工业产品或日常生活用品,
以展现其外观、特点和优势。其核心目的是
通过视觉语言吸引观者,提高产品认知度和
观者的购买意愿。

9

9.1　服装

服装摄影是摄影领域中的一种具体类型，主要关注拍摄服装产品，以展现其款式、质地和设计特点。其目的是通过精美的照片，吸引消费者眼球，提高服装产品的销售量和知名度。

9.1.1　实战：女装

女装拍摄注重色彩、质感、款式和情感氛围等方面。通过精细的构图、用光和后期处理，展现出女装的独特魅力和风格特点，吸引更多消费者的眼球。

01 首先启动discord，进入个人创建服务器页面。

02 单击聊天对话框，选择"/imagine"文生图指令。

03 在指令框中输入英文提示词"A beautiful female model in a white dress, studio shot, light background, full body shot, clothing display, professional lighting, high detail, high quality, realism, 8K --ar 3:4."（身着白色连衣裙的美丽女模特，棚拍，浅色背景，全身拍摄，服装展示，专业灯光，高细节，高品质，逼真度，8K）。

04 按Enter键，生成的AI摄影作品如图9-1所示。

图 9-1

9.1.2　实战：男装

男装拍摄注重风格简约大方、强调质感、突出款式和营造情感氛围。通过精细的构图、用光和后期处理，能够展现出男装的独特魅力和风格特点，吸引更多消费者的眼球。

01 首先启动 discord，进入个人创建服务器页面。

02 单击聊天对话框，选择"/imagine"文生图指令。

03 在指令框中输入英文提示词"A handsome male model in a punchy jacket, studio shot, light background, full body shot, clothing display, professional lighting, high detail, high quality, realism, 8K --ar 3:4."（穿着夹克衣的帅气男模特，棚拍，浅色背景，全身拍摄，服装展示，专业灯光，高细节，高品质，逼真度，8K）。

04 按 Enter 键，生成的 AI 摄影作品如图 9-2 所示。

图 9-2

9.1.3 实战：帽子

需要注重展示帽子的款式、特点、材质和情感氛围等方面，以呈现出最佳的视觉效果。同时，也要根据不同帽子的风格和特点，选择合适的表现方式，以突出帽子的个性化和时尚感。

01 首先启动 discord，进入个人创建服务器页面。

02 单击聊天对话框，选择"/imagine"文生图指令。

03 在指令框中输入英文提示词"A stylish knit hat on a display stand, beige color, white wall as background, a beam of sunlight Shining down, product display, product photography, clean and simple picture, negative space, close up --ar 3:4."（展示台架上放着一顶时尚的针织帽，米黄色，白色墙背景，一束阳光打下来，产品展示，商品拍摄，画面干净简单，留白，近距离拍摄）。

04 按 Enter 键，生成的 AI 摄影作品如图 9-3 所示。

图 9-3

第 9 章 AI 摄影：生成各类产品照片

9.1.4 实战：围巾

围巾拍摄要注意色彩呈现、飘逸动感的效果、材质呈现、款式特点、情感氛围和创意构图等方面，以呈现出最佳的视觉效果。

01 首先启动 discord，进入个人创建服务器页面。

02 单击聊天对话框，选择"/imagine"文生图指令。

03 在指令框中输入英文提示词"White display table with a brown and beige plaid scarf, fashion, winter, there are magazines and glasses on the table as decoration, white wall as background, a beam of sunlight shining down, product display, merchandise shooting, clean and simple picture, negative space, high angle shot --ar 3:4."（白色的展示台上放着一条棕色和米色相间的格子围巾，时尚，冬日，桌面上还有杂志眼镜作为装饰，白色墙背景，一束阳光打下来，产品展示，商品拍摄，画面干净简单，留白，高角度拍摄）。

04 按 Enter 键，生成的 AI 摄影作品如图 9-4 所示。

图 9-4

9.1.5 实战：鞋子

需要注重展现鞋子的款式和设计、强调质感、突出功能性、营造情感氛围以及运用创意构图，以呈现出最佳的视觉效果。

01 首先启动 discord，进入个人创建服务器页面。

02 单击聊天对话框，选择"/imagine"文生图指令。

03 在指令框中输入英文提示词"Model wearing shoes, Nike Air Max 95 advertisement, product shot, in the style of Rinko Kawauchi, backlit, outdoor, airy, flowers --ar 3:4."（模特穿上鞋，耐克 Air Max 95 广告，产品拍摄，川内伦子的风格，背光，户外，空气，花）。

04 按 Enter 键，生成的 AI 摄影作品如图 9-5 所示。

图 9-5

9.1.6 实战：衣服挂拍

拍摄挂拍要注意展示衣服的轮廓和线条美、突出衣服的细节和质感、营造氛围和情感、运用创意构图等，以呈现出最佳的视觉效果。

01 首先启动discord，进入个人创建服务器页面。

02 单击聊天对话框，选择"/imagine"文生图指令。

03 在指令框中输入英文提示词"Women's cashmere coat, hanging shot, clean white background wall, sunlight spreads on the wall through window, clothes display, detail, clean and simple image, negative space --ar 3:4."（女装羊绒大衣，挂拍，干净的白色背景墙，阳光透过窗户撒设在墙上，衣服展示，细节，画面干净简单，留白）。

04 按Enter键，生成的AI摄影作品如图9-6所示。

图 9-6

9.1.7 实战：衣服平铺

平铺衣服拍摄注重展现服装的形状、面料质感、色彩、细节、立体感、风格氛围以及搭配效果等方面。

01 首先启动discord，进入个人创建服务器页面。

02 单击聊天对话框，选择"/imagine"文生图指令。

03 在指令框中输入英文提示词"Brown sweater, tiled, white tabletop, light and shadow, magazine and tulips as decoration, clothes on display, detail, clean and simple image, negative space, high perspective shot, close up --ar 3:4."（棕色毛衣，平铺，白色桌面，光影，杂志和郁金香作为装饰，衣服展示，细节，画面干净简单，留白，高视角拍摄，近距离拍摄）。

04 按Enter键，生成的AI摄影作品如图9-7所示。

图 9-7

9.2　包装

包装摄影拍摄产品包装，以展现其外观、设计和品牌形象。其目的是通过精美的照片，提升产品的整体形象，吸引消费者眼球，提高产品的市场竞争力。

9.2.1　实战：月饼礼盒包装

使用AI生成礼盒包装设计，可以高效地创建创意丰富、个性化的方案，节省时间和成本，并通过生成的图片为设计师提供参考和灵感。

01 首先启动discord，进入个人创建服务器页面。

02 单击聊天对话框，选择"/imagine"文生图指令。

03 在指令框中输入英文提示词"This gift box packaging is made of tangerine cardboard, with colorful traditional Chinese patterns and rabbit motifs decorating the cover, it is surrounded by small mooncakes in a light yellow color, the features include highdefinition photography, bright colors, an indoor environment, a wide-angle lens, natural lighting, soft tones, and rich details."（这个礼盒包装由橘黄色硬纸板制成，封面印有彩色的中国传统纹样和兔子图案装饰，周围有浅黄色的小月饼，高清摄影，色彩鲜艳，室内环境，广角镜头，自然光线，柔和的色调和丰富的细节）。

04 按Enter键，生成的AI摄影作品如图9-8所示。

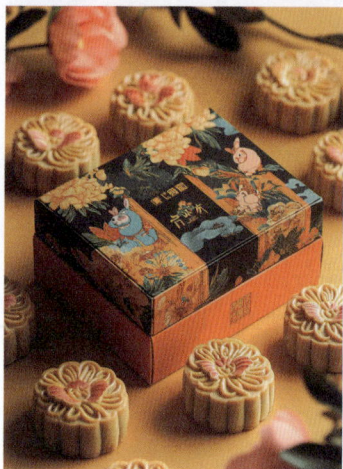

图 9-8

9.2.2　实战：宠物零食包装

目前宠物食品的包装也越来越多样化，我们可以通过Midjourney获得很好的参考，写入自己想要的要素的关键词，获得灵感，减少试错成本。

01 首先启动discord，进入个人创建服务器页面。

02 单击聊天对话框，选择"/imagine"文生图指令。

03 在指令框中输入英文提示词"A pet snack packaging, packaging design, dried fish elements, illustration style, attractive color matching, product photography, text arrangement, white background, super high precision, super details, focus, close-up, studio lighting, OC rendering, ultra-high definition, 8K --s 250."（一款宠物零食包装，包装设计，鱼干元素，插画风格，诱人的色彩搭配，产品摄影，文字排列，白色背景，超高精度，超级细节，对焦，特写，摄影棚灯光，OC渲染，超高清，8K）。

04 按Enter键，生成的AI摄影作品如图9-9所示。

9.2.3 实战：铝制饮品包装

铝制饮品包装的拍摄注重强调光泽和质感、突出形状和线条、创造立体感、突出品牌特色以及创意构图和后期处理等方面，以呈现出最佳的视觉效果。

01 首先启动discord，进入个人创建服务器页面。

02 单击聊天对话框，选择"/imagine"文生图指令。

图9-9

03 在指令框中输入英文提示词"Underwater, a pink aluminum beverage can with dasign element, Morandi color, light background, sunlight refracting in the water, shot close up for display, high detail, high quality photography, several peaches scattered around, surrounded by water, the photo was taken by a Canon camera at ISO 200 and processed through ten million networks image processing, ultra HD, 8K --ar 3:4."（水下，一个以桃子为设计元素的粉色铝制饮料罐子，采用莫兰迪配色方案，以浅色背景拍摄，阳光在水中折射，近距离拍摄进行展示，高细节、高画质摄影，几个桃子散落在周围，被水包围，照片由佳能相机以 ISO 200 拍摄，并通过千万网络图像处理进行处理，超高清，8K）。

04 按Enter键，生成的AI摄影作品如图9-10所示。

图9-10

9.3　玩具

玩具摄影主要拍摄玩具产品，以展现其外观、特性和创意玩法。其目的是通过精美的照片，吸引孩子和家长的眼球，提高玩具产品的认知度和观者的购买意愿。

9.3.1　实战：玩偶

玩偶摄影旨在展现玩偶的形态、色彩和特点。其目的是通过精美的照片，吸引儿童和玩偶收藏爱好者的眼球，提高玩偶的知名度和市场价值。

1. 毛绒玩偶

毛绒玩偶是一种常见的玩具，通常由毛绒面料和填充物制成，外观可爱，手感柔软，受到广泛欢迎。毛绒玩偶的品种非常多，根据不同品种和品牌，其设计和制作工艺也有所不同。

01 首先启动discord，进入个人创建服务器页面。

02 单击聊天对话框，选择"/imagine"文生图指令。

03 在指令框中输入英文提示词"Plush stuffed animal doll, plush doll art, soft color, Popmart, corgi, a cute puppy dog, clean background --ar 3:4."（填充动物形象的玩偶，毛绒玩偶艺术，色彩柔和，泡泡玛特，柯基，一只可爱的小狗，干净的背景）。

图 9-11

04 按Enter键，生成的AI摄影作品如图9-11所示。

2. 毛毡玩偶

毛毡玩偶是一种手工制作的玩具，通常由毛毡布、填充物等材料制成。毛毡玩偶外观可爱，手感柔软，深受人们喜爱。

01 首先启动discord，进入个人创建服务器页面。

02 单击聊天对话框，选择"/imagine"文生图指令。

03 在指令框中输入英文提示词"Cartoon small animal in sport, white background, made of felt, needle felt, needle felt art --ar 3:4."（运动中的卡通小动物，白色背景，毛毡制作，针毡，针毡艺术）。

04 按Enter键，生成的AI摄影作品如图9-12所示。

图 9-12

9.3.2 实战：模型玩具

模型玩具涉及建筑、军事、科幻等题材。摄影师通过拍摄技巧的运用和后期处理，将玩具模型与现实场景融合，呈现出逼真的视觉效果，为模型爱好者提供欣赏和交流的平台。

1．乐高

乐高是由丹麦玩具公司乐高集团开发的塑料积木玩具。乐高由各种形状和颜色的塑料积木组成，玩家可以按照说明书进行拼装，也可以发挥想象力自由组合，形成各种模型和场景。

01 首先启动discord，进入个人创建服务器页面。

02 单击聊天对话框，选择"/imagine"文生图指令。

03 在指令框中输入英文提示词"LEGO toys, mini model style, with only two people sitting in a green car from a rear view, the surrounding area is a LEGO-built cityscape, the scene is a medium close-up, photography."（乐高玩具，微缩模型风格，只有两个人坐在一辆绿色汽车里的后视角，周围都是用乐高拼好的城市建筑，中近景，摄影）。

04 按Enter键，生成的AI摄影作品如图9-13所示。

图9-13

2. 机器人

机器人玩具是一种高科技的玩具，能够实现各种运动和交互功能。

01 首先启动discord，进入个人创建服务器页面。

02 单击聊天对话框，选择"/imagine"文生图指令。

03 在指令框中输入英文提示词"Cartoon boy full body minimalist mecha, sci-fi trendy, high quality, blind box toy, clean background, stunning, 3D artwork, high detail, 8K, studio lighting, art theater lighting, ultra-high definition, Octave rendering --ar 3:4."（卡通男孩全身简约机甲，科幻潮流，高品质，盲盒玩具，干净的背景，令人惊叹的，3D作品，高细节，8K，工作室照明，艺术影院照明，超高清晰度，Octave渲染）。

04 按Enter键，生成的AI摄影作品如图9-14所示。

图9-14

9.3.3 实战：游戏机

游戏机是一种集娱乐、互动和挑战于一体的玩具，通常具有电子游戏的各种功能和特点。

01 首先启动discord，进入个人创建服务器页面。

02 单击聊天对话框，选择"/imagine"文生图指令。

03 在指令框中输入英文提示词"Game machine, cute rabbit, Tamagotchi colored plastics, industrial design, Bauhaus, rich colors, plastics, transparent, white background, studio lighting, 8K, HD --ar 3:4."（游戏机，可爱的兔子，塔麻可吉彩色塑料，工业设计，包豪斯，丰富的色彩，塑料，透明，白色背景，摄影棚照明，8K，高清）。

04 按Enter键，生成的AI摄影作品如图9-15所示。

图9-15

9.4　半透明材质产品

半透明材质产品有玻璃器皿制品、半透明塑料制品、半透明珠宝制品等。拍摄此类产品时主要应展现其造型和质感，展示产品的独特魅力和使用场景，提高产品的认知度和观者的购买意愿。

9.4.1　实战：太阳镜

拍摄太阳镜时，要通过精心设计的布局与光影运用，充分展现眼镜的时尚感与细节质感，使产品成为画面的视觉焦点，吸引消费者的目光。

01 首先启动discord，进入个人创建服务器页面。

02 单击聊天对话框，选择"/imagine"文生图指令。

03 在指令框中输入英文提示词"This product photography work features a stylish pair of sunglasses placed on a white display stand, The frame is black, and the lenses are brown, the dark-toned background forms a stark contrast with the sunglasses, making them the absolute focal point of the image. Shot from a top-down perspective with soft and delicate lighting, the texture and details of the sunglasses are beautifully captured, and there is a reflective gleam on the lenses, the photograph exhibits a sense of depth and layering --ar 3:4."（产品摄影作品，一副时尚的太阳镜放在白色的展台上，镜框为黑色，镜片为棕色。背景为深色调，与主体眼镜形成了鲜明的对比，使得眼镜成为画面的绝对焦点。俯拍视角，光线柔和而细腻，展现眼镜的质感与细节，眼镜片上有反光。摄影画面具有层次感）。

04 按Enter键，生成的AI摄影作品如图9-16所示。

图 9-16

9.4.2 实战：护肤产品

本实战主要展示用手握住产品时的呈现，目前AI软件对手部的生成尚有一些挑战，我们需要多生成几次才能得到自己想要的效果图。

01 首先启动discord，进入个人创建服务器页面。

02 单击聊天对话框，选择"/imagine"文生图指令。

03 在指令框中输入英文提示词"Product photography, real close-up product photo, an elegant and beautiful female hand holding a bottle of skin softener with elegant and professional movements, really fine skin texture, super clear pores and lines, early morning indoor, natural light, close-up hand, super detail, high quality, high definition, product commercial photography, clear, Sony camera telephoto lens --ar 3:4."（产品摄影，真实特写产品照片，一位优雅美丽的女性手上拿着一瓶柔肤水，动作优雅专业，细腻的皮肤纹理，超级清晰的毛孔和线条，清晨室内，自然光，特写手，超级细节，高品质，高清，产品商业摄影，清晰，索尼相机长焦镜头）。

图 9-17

04 按Enter键，生成的AI摄影作品如图 9-17 所示。

9.4.3 实战：香水瓶

香水瓶通常具有独特、精美的设计，这是吸引消费者的重要因素之一。香水瓶的拍摄需要充分利用瓶身曲线、图案、雕刻等吸引消费者，以呈现出最佳的视觉效果。

01 首先启动discord，进入个人创建服务器页面。

02 单击聊天对话框，选择"/imagine"文生图指令。

03 在指令框中输入英文提示词"Perfume bottle floating on the water, in the style of meticulous photorealistic still lifes, light orange and light blue, ISO 200, elegant, Gutai group, Daguerreian --ar 3:4."（香水瓶漂浮在水面上，采用细致写实的静物风格，浅橙色和浅蓝色，ISO 200，优雅，具体派，达盖尔式）。

04 按Enter键，生成的AI摄影作品如图 9-18 所示。

图 9-18

9.4.4 实战：酒瓶

酒瓶需要注意质感与细节、色彩与光泽、标签与文字、背景与环境、情感氛围和创意构图等方面，以呈现出最佳的视觉效果，吸引消费者的注意力。

01 首先启动discord，进入个人创建服务器页面。

02 单击聊天对话框，选择"/imagine"文生图指令。

03 在指令框中输入英文提示词"A bottle of whiskey on the tabletop, a foreign wine glass filled with ice, and wine display case in the background, Product Photography, Commercial Photography, Advanced Lighting, ultra-high definition, high quality, Super noise reduction,8K --ar 3:4."（桌面上的一瓶威士忌，一个玻璃杯里装着冰块，背景是酒柜，产品摄影，商业摄影，高级照明，超高清，高质量，超强降噪，8K）。

04 按Enter键，生成的AI摄影作品如图9-19所示。

图9-19

9.4.5 实战：珠宝

珠宝是珍贵、奢华和华丽的饰品，通常由贵重金属和宝石制成。珠宝不仅是装饰品，更是艺术品和奢侈品。它们被视为财富和社会地位的象征，也经常被认为象征爱情。

01 首先启动discord，进入个人创建服务器页面。

02 单击聊天对话框，选择"/imagine"文生图指令。

03 在指令框中输入英文提示词"Jewelry photography, jade bead bracelet, light color background, indoor, lifestyle, spring, 32K --ar 3:4."（珠宝摄影，珠宝玉手串，极浅的绿色粉彩色调背景，室内，生活方式，春季，32K）。

04 按Enter键，生成的AI摄影作品如图9-20所示。

图9-20

9.5 小家电场景

拍摄对象为日常生活中的小型电器产品，强调产品与生活场景的结合。此类照片的拍摄目的在于通过照片展示小家电在日常生活中的实际应用，提升产品的实用性和亲和力，以及吸引消费者购买。

9.5.1 实战：洗衣机

洗衣机的照片需要注重家庭生活场景、功能展示场景、产品细节展示场景、对比展示场景和情感氛围展示场景等方面的拍摄，以呈现出洗衣机在家庭中的实用价值、特点和优势，吸引消费者的关注并激发其购买欲望。

01 首先启动discord，进入个人创建服务器页面。

02 单击聊天对话框，选择"/imagine"文生图指令。

03 在指令框中输入英文提示词"Stylish washing machine in a modern bathroom, in style surrealistic landscape, minimalist style, light color, minimalist background, detailed realistic still life, 16K, Ultra HD, high quality, high detail --ar 3:4."（现代浴室中的时尚洗衣机，超现实主义景观风格，极简风格，浅色，极简背景，细节逼真的静物，16K，超高清，高品质，高细节）。

04 按Enter键，生成的AI摄影作品如图9-21所示。

图 9-21

9.5.2 实战：电饭煲

通过展示电饭煲的使用效果，让消费者了解产品的实际效果和性能，同时通过场景的纳入营造出温馨、舒适、快乐的情感氛围。

01 首先启动 discord，进入个人创建服务器页面。

02 单击聊天对话框，选择"/imagine"文生图指令。

03 在指令框中输入英文提示词"European kitchen scene, a white electrie rice cooker placed on the kitchen counter, the sun shines in from the left, the whole scene is enveloped in soft and bright light and shadow, the main body is the electric rice cooker, natural light photography, two-point perspective, clean, simple --ar 3:4."（欧式厨房场景，白色的电饭煲摆放在桌子上，阳光从左侧照射进来，整个场景笼罩在柔和明亮的光影中，主体是电饭煲，自然光摄影，两点透视，干净，简洁）。

04 按 Enter 键，生成的 AI 摄影作品如图 9-22 所示。

图 9-22

9.5.3 实战：豆浆机

通过豆浆机应用场景的展现能够营造出舒适、温馨的情感氛围。

01 首先启动 discord，进入个人创建服务器页面。

02 单击聊天对话框，选择"/imagine"文生图指令。

03 在指令框中输入英文提示词"There is a soybean milk machine in the kitchen, a bright scene, also a mottled light and shadow scene, the whole picture is dominated by white, translucent and bright, original wood desktop, small and fresh style --ar 3:4."（厨房里有一台豆浆机，明亮的场景，也是斑驳的光影场景。整个画面以白色为主色调，通透明亮，原木色桌面，小清新风格）。

04 按 Enter 键，生成的 AI 摄影作品如图 9-23 所示。

图 9-23

9.6 实战: 汽车

汽车摄影主要旨在展现汽车的外观、设计和性能特点，目的是通过精美的照片，吸引潜在购车者的目光，提升品牌形象和市场竞争力。

01 首先启动 discord，进入个人创建服务器页面。

02 单击聊天对话框，选择"/imagine"文生图指令。

03 在指令框中输入英文提示词"Wide shot, photo for a car magazine, Canon 6D Mark II, Canon EF70-200mm f/2.8L IS II USM lens, Lexus IS 300h, bright platinum color driving on the road in the mountains, photorealistic, focus on Lexux, image depth, dynamic, expressive, golden hour, natural shadows --ar 16:9."（广角镜头，为汽车杂志拍摄，佳能 6D Mark II，佳能 EF 70-200mm f/2.8L IS II USM 镜头，雷克萨斯 IS 300h，明亮的铂金色汽车行驶在山间公路上，逼真，聚焦雷克萨斯，图像深度，动态，表现力，黄金时间，自然阴影）。

04 按 Enter 键，生成的 AI 摄影作品如图 9-24 所示。

图 9-24

第 10 章

AI 摄影:

玩转创意大片

创意摄影是一种通过创造性和艺术性的构思实现创意效果的摄影类型。摄影师将其独特想法和创意表达融入图像中，涵盖抽象、幻想、概念等各种风格和主题。

10

创意摄影通过运用特殊的构图、光影、色彩、后期处理等技巧，打破传统摄影的规则，创造出令人惊叹和引人思考的作品。摄影师可以通过抓拍瞬间、改变视角、运用道具等方式，展现其独特的创造力和艺术感，给观众带来新颖、独特的视觉体验。

10.1　儿童创意

儿童创意摄影是一种以孩子为主题的摄影艺术形式，通过独特的构思和创意，捕捉孩子们天真、快乐、可爱的瞬间，展现他们的个性和想象力，以及与世界的互动。

10.1.1　实战：与鲸同游

本实战使用抹香鲸与小男孩进行创意结合，将现实中的不可能展现出来。

01 首先启动discord，进入个人创建服务器页面。

02 单击聊天对话框，选择"/imagine"文生图指令。

03 在指令框中输入英文提示词"An Asian little boy sat on a sperm whale, looking at the magnificent sea, joyful and optimistic, the sky is blue and clean, surreal photography --ar 3:4."（一个亚洲小男孩坐在抹香鲸身上，看着波澜壮阔的大海，快乐而乐观，天空蔚蓝且洁净，超现实摄影）。

04 按Enter键，生成的AI摄影作品如图10-1所示。

图10-1

10.1.2　实战：西瓜味的夏天

本实战通过将小孩放入西瓜中，展现童真的可爱。

01 首先启动discord，进入个人创建服务器页面。

02 单击聊天对话框，选择"/imagine"文生图指令。

03 在指令框中输入英文提示词"Microphotography, in a giant fruit forest, a 5-year-old Asian boy sat in a giant watermelon, eating with a spoon, the giant watermelon is surrounded by fruits, OC renderer, bright and cheerful, high color saturation, bright natural light, surrealism --ar 3:4."（显微摄影，在巨大的果林中，一个5岁的亚洲小男孩坐在一个巨大的西瓜中，用勺子吃着西瓜，巨大的西瓜被水果包围着，OC渲染，明亮欢快，色彩饱和度高，自然光线明亮，超现实主义）。

04 按Enter键，生成的AI摄影作品如图10-2所示。

图 10-2

10.1.3 实战：小小机械师

本实战生成的是一张穿着潜水服的小女孩的照片，这个小女孩是小潜艇里的一位小小机械师。

01 首先启动discord，进入个人创建服务器页面。

02 单击聊天对话框，选择"/imagine"文生图指令。

03 在指令框中输入英文提示词"Steampunk, in retro-designed small submarine, a little Asian girl in a mechanic's uniform, surreal photography --ar 3:4."（蒸汽朋克，在复古设计的小潜艇里，一个穿着机械师工作服的亚洲小女孩，超现实摄影）。

04 按Enter键，生成的AI摄影作品如图10-3所示。

图 10-3

10.2 宠物创意

宠物创意摄影是以宠物为主题的摄影艺术形式，通过独特的构思和创意，展现宠物可爱、活泼的一面，或者通过拟人的形式，带给人们喜悦和温馨的视觉体验。

10.2.1 实战：游泳的小猫

本实战生成的是小猫在水下游泳的照片，小猫周围有各种的鲜花。

01 首先启动discord，进入个人创建服务器页面。

02 单击聊天对话框，选择"/imagine"文生图指令。

03 在指令框中输入英文提示词"Pet photography, a cat is swimming, under the water, surrounded by flowers --ar 3:4."（宠物摄影，猫在游泳，在水下，被鲜花环绕）。

04 按Enter键，生成的AI摄影作品如图 10-4所示。

图 10-4

10.2.2 实战：小狗飞行员

本实战生成的是小比格犬穿着太空服在宇宙中好奇地漂浮的照片。

01 首先启动discord，进入个人创建服务器页面。

02 单击聊天对话框，选择"/imagine"文生图指令。

03 在指令框中输入英文提示词"Pet photography, full-body shot, a 2-year-old Beagle as an astronaut wearing a space suit floating in space, long shot, galaxy, starry space, nebula, universe, multiverse, cinematic, volumetric lighting, high details, 8K --ar 3:4."（宠物摄影，全身照，两岁大的比格犬作为宇航员穿着太空服在太空中漂浮，长镜头，银河系，星空，星云，宇宙，电影，体积照明，复杂细节，8K）。

04 按Enter键，生成的AI摄影作品如图 10-5 所示。

图 10-5

10.2.3 实战：最后的晚餐

本实战模仿达·芬奇《最后的晚餐》生成的一幅关于动物最后晚餐的画面。

01 首先启动 discord，进入个人创建服务器页面。

02 单击聊天对话框，选择"/imagine"文生图指令。

03 在指令框中输入英文提示词"A group of animals gathering for a meal, The Last Supper, by the artist Leonardo da Vinci, realistic photography, well composed and full of color --ar 16:9."（一群动物在聚餐，《最后的晚餐》，艺术家达·芬奇创作，现实主义摄影，构图精妙，色彩饱满）。

04 按Enter键，生成的AI摄影作品如图 10-6 所示。

图 10-6

10.3 食物创意

通过食物的造型，巧妙地打造出富有想象力的摄影画面，将普通食材转化为趣味盎然的艺术作品，激发观者的想象力，呈现不一样的食物世界。

10.3.1　实战：挖薯片

本实战是将我们生活中常见的薯片进行创意生成，通过工人"挖薯片"的场景展现创意。

01 首先启动discord，进入个人创建服务器页面。

02 单击聊天对话框，选择"/imagine"文生图指令。

03 在指令框中输入英文提示词"Miniature photography style, Sonce little people digging chips in the chip bag, big chips, workers, vivid, realism, intricate details in commercial post-production, beautiful color palette, photography, long shots, epic lighting, natural light, 8K, OC renderer --ar 3:4."（微型摄影风格，有小人在薯片包装袋里挖薯片，大薯片，工人，生动，真实感，商业后期制作中的复杂细节，美丽的调色板，摄影，长镜头，史诗般的光影，自然光，8K，OC渲染器）。

04 按Enter键，生成的AI摄影作品如图10-7所示。

图 10-7

10.3.2　实战：西蓝花热气球

本实战是通过将西蓝花变成热气球，来展现不一样的热气球玩法。

01 首先启动discord，进入个人创建服务器页面。

02 单击聊天对话框，选择"/imagine"文生图指令。

03 在指令框中输入英文提示词"Broccoli hot air balloon, blue sky, white clouds, realism, creativity, OC rendering, bright and cheerful, saturated colors, bright natural light, surrealism --ar 3:4."（西蓝花热气球，蓝色的天空，白云，真实感，创意，OC渲染，明亮欢快，色彩饱和度高，自然光线明亮，超现实主义）。

04 按Enter键，生成的AI摄影作品如图10-8所示。

图 10-8

第 11 章

Photoshop AI 修图：

引领修图新浪潮

　　Photoshop 是美国 Adobe 公司旗下著名的集图像扫描、图像编辑修改、图像制作、广告创意及图像输入与输出于一体的图像处理软件，被誉为"图像处理大师"。其功能十分强大并且使用方便，深受广大设计人员和后期修图师的喜爱。

11

11.1 Photoshop 2024 工作面板介绍

Photoshop 2024 的工作界面中包含菜单栏、标题栏、文档窗口、工具箱、工具选项栏、选项卡、状态栏和面板等组件，如图 11-1 所示。

图 11-1

Photoshop 2024 的工作界面各区域说明如下。

◇ 菜单栏：菜单中包含可以执行的各种命令，单击菜单名称即可打开相应的菜单。

◇ 标题栏：显示了文档名称、文件格式、窗口缩放比例和颜色模式等信息。如果文档中包含多个图层，则标题栏中还会显示当前工作图层的名称。

◇ 工具箱：包含用于执行各种操作的工具，如创建选区、移动图像、绘画和绘图等。

◇ 工具选项栏：用来设置工具的各种选项，它会随着所选工具的不同而改变选项内容。

◇ 面板：有的用来设置编辑选项，有的用来设置颜色属性。

◇ 状态栏：可以显示文档大小、文档尺寸、当前工具和窗口缩放比例等信息。

◇ 文档窗口：文档窗口是显示和编辑图像的区域。

◇ 选项卡：打开多个图像时，只在窗口中显示一个图像，其他的则最小化到选项卡中。单击选项卡中各个文件名便可显示相应的图像。

11.2 Photoshop AI 功能简介

Photoshop 2024 版本带来了一系列令人兴奋的更新，其中最让人关注的是其更新的 AI 功能。这些新功能包括生成式填充和生成式扩展，使用先进的 AI 技术来帮助用户更快速、更高效地完成编辑工作。除此之外，移除工具的交互方式也得到了改进，从而可以根据周围的图像内容自动合成修复区域，使修复结果的过渡更加自然。

在界面方面，Photoshop 2024 也在上下文任务栏中添加了新功能，这些功能可以帮助用户更快速地完成遮罩和裁剪等任务。这些改进旨在提高工作效率，让用户可以更加专注于创作过程。

此外，Photoshop 2024 还增加了 Photoshop Web 版，这个版本包含了简化的 UI、容易找到的工具以及可自定义的筛选器等。这意味着用户可以通过 Web 浏览器随时随地访问所有这些功能，只需几步即可创建出自己喜欢的图像和设计。无论是专业设计师还是业余爱好者，Photoshop 2024 都将为他们提供强大的创作工具和无限的可能性。

11.3 移除工具

"移除"工具 🩹 通过使用内容识别技术，自动识别并替换图像中不需要的区域，实现快速去除，适合快速修饰大面积或复杂的区域。

01 启动 Photoshop 2024 软件，按快捷键 Ctrl+O，打开相关素材中的"森林里的老鼠.jpg"文件，如图 11-2 所示。

02 选择"移除"工具 🩹，将光标放置在需要去除的老鼠之上，单击左键进行涂抹，如图 11-3 所示。最终移除效果如图 11-4 所示。

  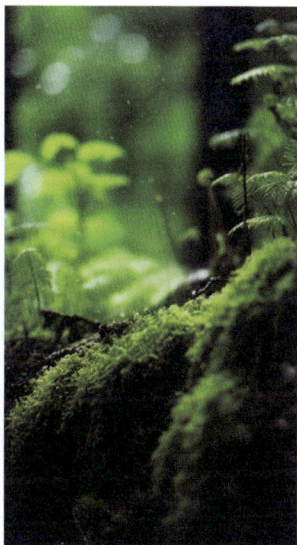

图 11-2   图 11-3   图 11-4

11.4　Neural Filters AI 修图

Neural Filters 包含一个滤镜库，使用由 Adobe Sensei 提供支持的机器学习功能，帮助用户减少难于实现的工作流程，只需要简单设置参数即可完成调整。Neural Filters 可以让用户在几秒内感受非破坏性、有生成力的滤镜，同时还能预览图像的变化效果。

11.4.1　实战：皮肤平滑度

选择皮肤平滑度滤镜，可以去除皮肤上的疤痕或痘印，恢复皮肤的平滑与光泽。需要注意的是，滤镜并非万能，尽管可以减少疤痕与痘印对皮肤呈现效果的影响，却无法完全恢复皮肤的完美状态。因而需要结合其他的编辑工具，使皮肤呈现最好的状态。

01 启动 Photoshop 2024 软件，按快捷键 Ctrl+O，打开相关素材中的"苦恼的女孩.jpg"文件，效果如图 11-5 所示。

02 双击背景图层，使之转换为普通图层。用鼠标右键单击该图层，在弹出的快捷菜单中选择"转换为智能对象"选项。

03 执行"滤镜"|"Neural Filters"菜单命令，如图 11-6 所示。

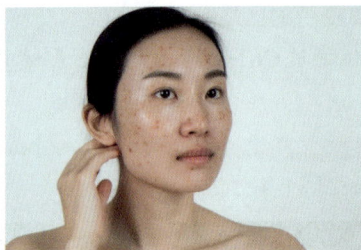

图 11-5

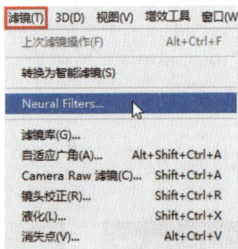

图 11-6

04 进入 Neural Filters 界面，在"所有筛选器"列表中选择"皮肤平滑度"。将右侧的"模糊""平滑度"滑块移至右侧，在"输出"列表中选择"智能滤镜"选项，如图 11-7 所示。

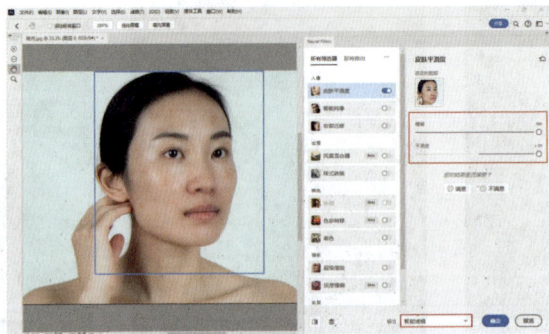

图 11-7

05 单击"确定"按钮，观察调整结果，如图 11-8 所示，可以看到疤痕和痘印对于皮肤的影响已经减轻。

06 在工具栏中选择"污点修复画笔"工具 ，调整合适的画笔大小，将光标放置在痘印处，如图 11-9 所示，单击即可消除痘印。

07 经过"污点修复画笔"对皮肤的修复后，疤痕与痘印进一步被淡化，结果如图 11-10 所示。

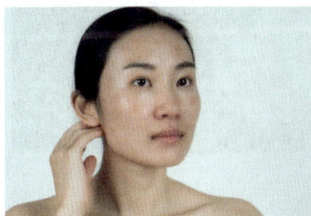　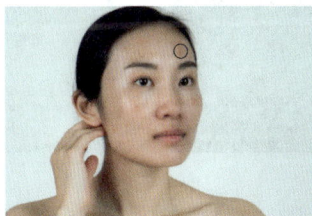　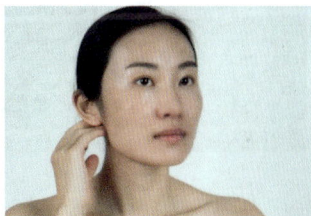

图 11-8　　　　　　　　　图 11-9　　　　　　　　　图 11-10

🔴 **提示**

在操作的过程中需要注意，不要用"污点修复画笔"抹除所有的疤痕与痘印，并注意保留皮肤原有的质感与光泽，以避免造成失真。

11.4.2　实战：智能肖像

执行"智能肖像"操作，通过系统自动为人物添加细节，如表情、年龄、发量等，可以改变人物的面貌。在选择图像的时候，尽量选择正面人像进行处理。在处理的过程中如果出现错误，可返回默认值重新调整，直至达到合适的效果为止。

01 打开素材图像，执行"滤镜"|"Neural Filters"菜单命令。在"所有筛选器"列表中选择"智能肖像"，在右侧界面中输入参数，或者直接滑动参数滑块进行设定后，系统自动进行处理，如图 11-11 所示。

图 11-11

02 操作前后人像对比如图 11-12 所示。与先前较为委屈的状态相比，调整后的人物表情显得和缓温柔。

图 11-12

11.4.3 实战：妆容迁移

执行妆容迁移操作，可以将一张图片上人物的妆容迁移到另一张图片中的人物脸上。在操作的过程中，可能会发生错位的情况，这时需要更换参考对象，或者撤销后再次操作。

01 打开素材图像，将之转换为智能对象，执行"滤镜" | "Neural Filters"菜单命令。在"所有筛选器"列表中选择"妆容迁移"，在"参考图像"列表中选择"从计算机中选择图像"选项，如图 11-13 所示。

图 11-13

02 等待系统自动迁移，稍后可在左侧的窗口预览操作结果，如图 11-14 所示。选择"输出"类型为"智能对象"，单击"确定"按钮结束操作。

图 11-14

03 对比妆容迁移处理前后的效果，如图 11-15 所示，参考图像中的红唇妆容被迁移至素材图像中。

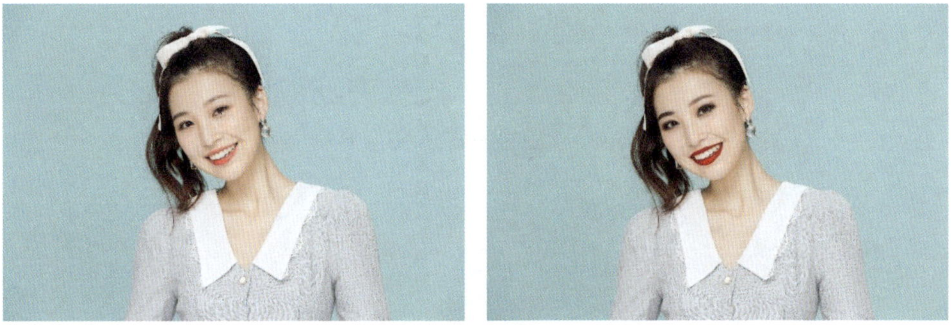

图 11-15

11.4.4 实战：风景混合器

选择风景混合器，通过改变时间、季节等属性或与另一个图像混合，神奇地改变景观。

01 打开素材图像，执行"滤镜"|"Neural Filters"命令，在"所有筛选器"列表中选择"风景混合器"。在右侧的界面中单击"自定义"按钮，在"选择图像"列表中选择一张需要改变风格的图像，或者选择"从计算机中选择图像"选项，选择已存储的图像，如图 11-16 所示。

02 系统根据用户指定的图像执行混合操作，在左侧的窗口中预览结果，如图 11-17 所示。选择"输出"为"智能滤镜"，单击"确定"按钮退出。

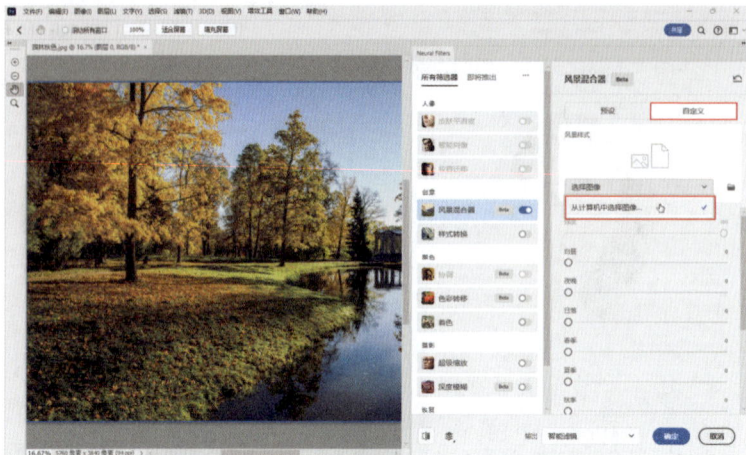

图 11-16

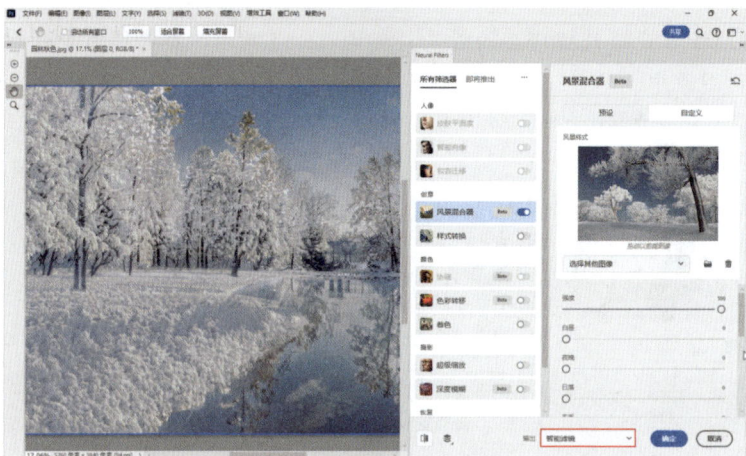

图 11-17

03 图像混合处理前后的对比如图 11-18、图 11-19、图 11-20所示。

图 11-18

图 11-19

图 11-20

11.4.5　实战：样式转换

执行样式转换操作，可以将参考图像的纹理、颜色和风格转移至调整图像，还可以应用特定艺术家的风格。

01 打开素材图像，执行"滤镜"|"Neural Filters"命令，在"所有筛选器"列表中选择"样式转换"。在右侧的界面中选择一张参考图像，选择"输出"为"智能滤镜"，如图 11-21 所示。

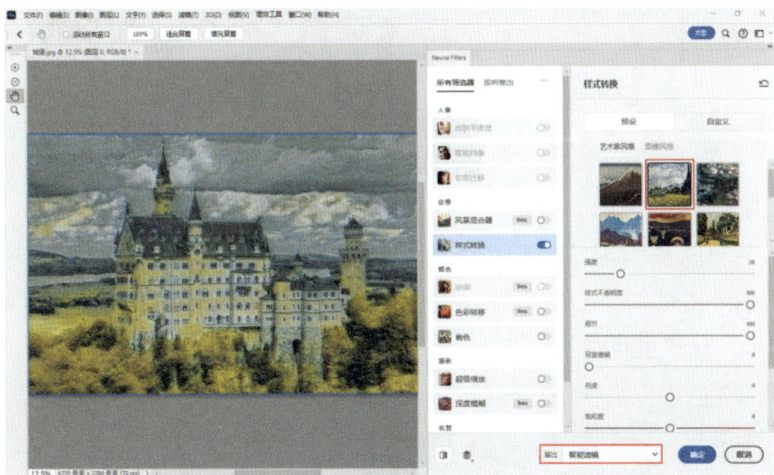

图 11-21

02 单击"确定"按钮退出操作。

03 样式转换处理前后图像的对比如图 11-22 所示。

图 11-22

11.4.6　实战：协调

执行协调操作，可以自动调整两个图层的亮度、对比度等属性，以形成完美的复合。

01 启动 Photoshop 2024 软件，按快捷键 Ctrl+O，打开相关素材中的"汉服美女.jpg""古建筑圆门.jpg"文件，如图 11-23 所示。将这两个图像文件都放置在一个文档里，此时会产生两个图层。

图 11-23

02 执行"滤镜"|"Neural Filters"菜单命令，在"所有筛选器"列表中选择"协调"，在"参考图像"下选择"图层0"，如图11-24所示。选择"输出"为"新图层"，单击"确定"按钮退出操作。

图 11-24

03 添加"曲线"调整图层，参数设置如图 11-25所示，调整图像的亮度与对比度，最终结果如图 11-26所示。

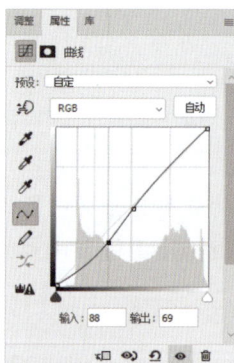

图 11-25

图 11-26

11.4.7 实战：色彩转移

色彩转移功能可以将一张图像的色彩风格应用到另一张图像上，它通过分析源图像的整体色调、色彩和光影效果，然后将这些色彩信息智能地映射到目标图像上，从而实现快速、自然的色彩匹配。这对于保持作品的色调一致性、创建特定的视觉效果或模仿特定风格非常有用。

01 打开素材图像，执行"滤镜"|"Neural Filters"命令，在"所有筛选器"列表中选择"色彩转移"。在右侧的界面中选择一张参考图像，选择"输出"为"新图层"，如图 11-27 所示。

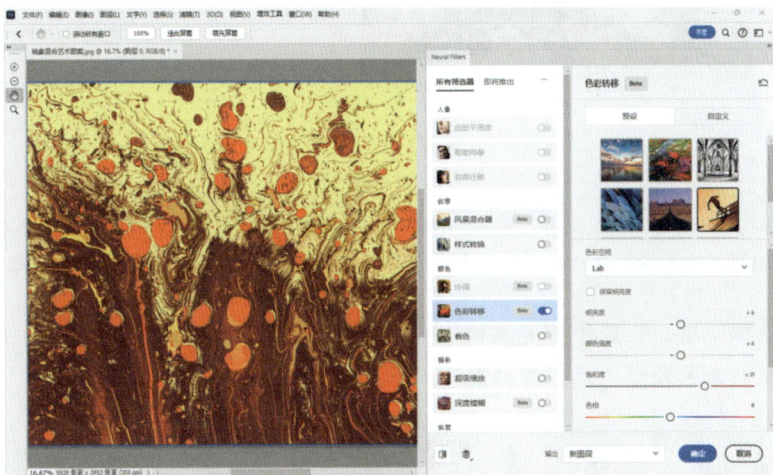

图 11-27

02 单击"确定"按钮退出操作。

03 色彩转移处理前后图像的对比如图 11-28 所示。

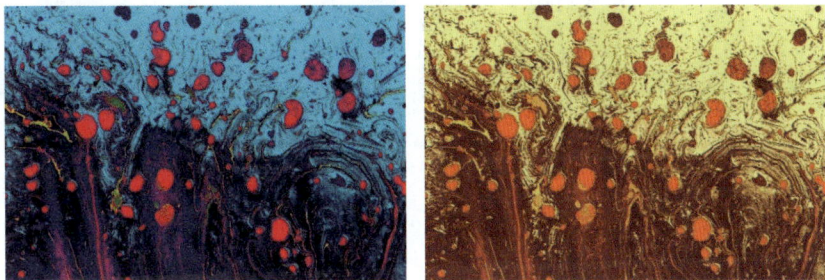

图 11-28

11.4.8 实战：着色

执行着色操作，可以为黑白照片上色。

01 打开素材图像，执行"滤镜"|"Neural Filters"命令，在"所有筛选器"列表中选择"着色"。系统将自动为照片赋予颜色，如图 11-29 所示。

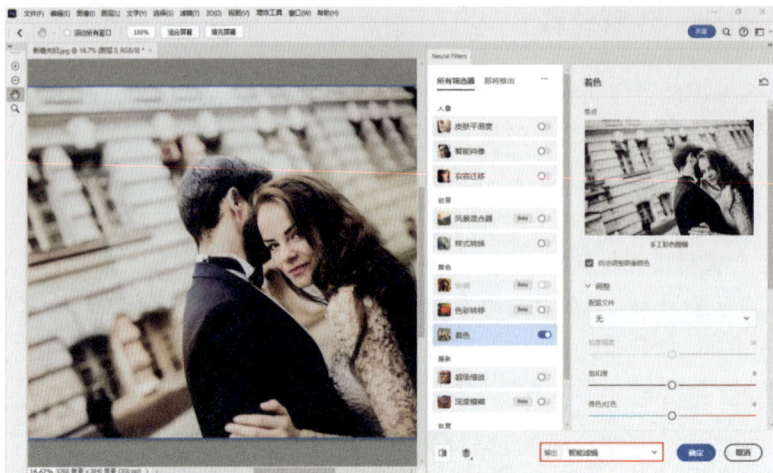

图 11-29

■ **提示**

在右侧的界面中，"配置文件"列表提供了多种着色模式，默认选择"无"。调整属性参数，如"轮廓强度""饱和度"等，可以重定义着色效果，用户在预览窗口中可实时查看调整效果。

02 选择"输出"为"智能滤镜"，单击"确定"按钮结束操作。

03 观察着色处理前后照片的对比效果，如图 11-30 所示。

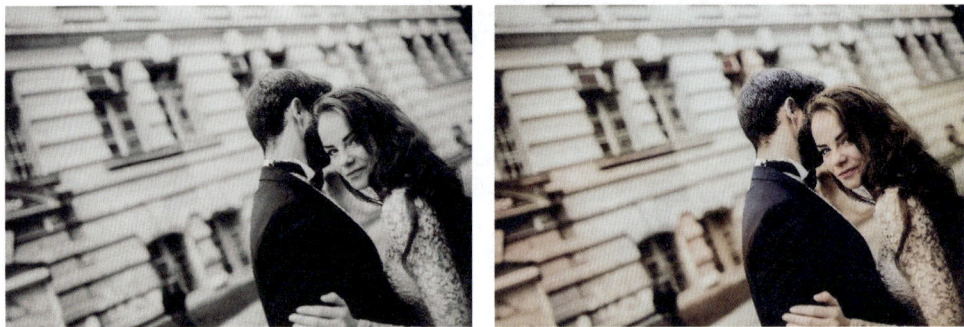

图 11-30

11.4.9 实战：超级缩放

执行超级缩放操作，可以放大并裁剪图像，再通过 Photoshop 添加细节以补偿图像损失的分辨率。

01 打开素材图像，执行"滤镜"|"Neural Filters"命令，在"所有筛选器"列表中选择"超级缩放"。单击右侧界面中的放大镜按钮 ⊕，放大一倍图像。系统进入处理模式，在左下角显示处理进度及所需时间，如图 11-31 所示。

02 在"输出"中选择"新文档"，单击"确定"按钮结束操作。

图 11-31

03 超级缩放处理前后图像的对比如图 11-32 所示。可以看到放大后图像细节仍然完好。

图 11-32

11.4.10 实战：深度模糊

执行深度模糊操作，可以在图像中创建环境深度以提供前景或背景对象。

01 打开素材图像，执行"滤镜"|"Neural Filters"命令，在"所有筛选器"列表中选择"深度模糊"。在右侧的界面中选择"焦点主体"，调整"模糊强度"参数，选择"输出"为"智能滤镜"，如图 11-33 所示。

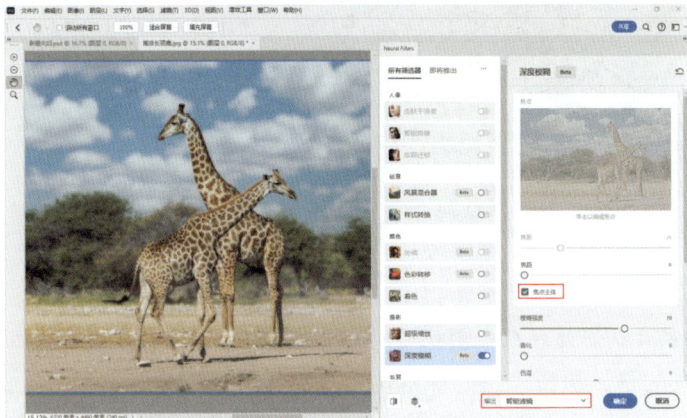

图 11-33

02 单击"确定"按钮结束操作。

03 深度模糊处理前后图像的对比如图 11-34所示。草原背景被虚化，更加突显长颈鹿的主体性。

图 11-34

11.4.11 实战：转移JPEG伪影

照片被压缩后，会产生噪点、锯齿以及不规则的杂光，使照片呈现效果不佳。执行"转移照片伪影"操作，可以减轻伪影对照片产生的不良影响，使照片质感更佳。

01 打开一张图片，执行"滤镜"|"Neural Filters"命令，在"所有筛选器"列表中选择"移除照片伪影"。在右侧界面中选择"强度"类型，如选择"高"，系统自动进行处理，选择"输出"为"新图层"，如图 11-35所示。

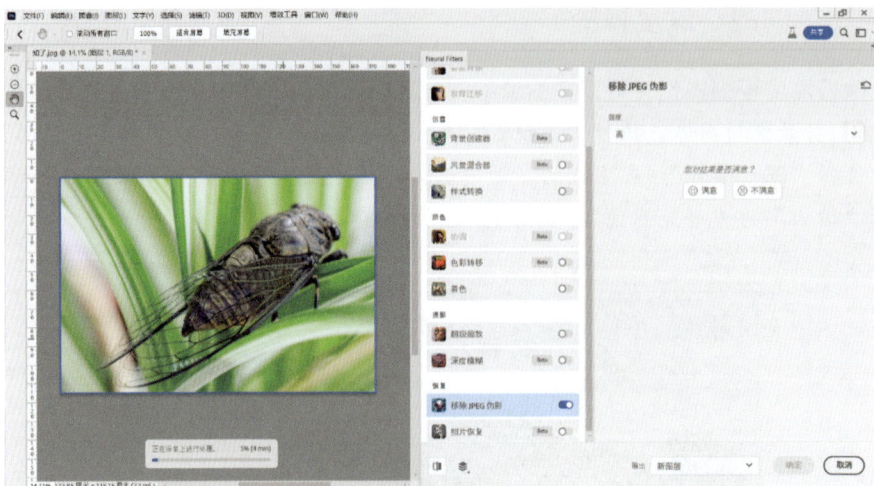

图 11-35

02 移除照片伪影处理前后图像的对比效果如图 11-36所示。

需要注意的是，执行"移除照片伪影"操作的过程需要占用极大的系统内存，如果计算机配置较低，或者同时开启多款应用软件，有可能会出现系统崩溃的情况。

图 11-36

11.4.12 实战：照片恢复

执行照片恢复操作，借助 AI 强大功能提高对比度、增强细节、消除划痕，实现快速恢复旧照片的目的。

01 打开素材图像，执行"滤镜"|"Neural Filters"命令，在"所有筛选器"列表中选择"照片恢复"。在右侧界面中滑动参数调整滑块，调整参数，系统自动进行处理，选择"输出"为"智能滤镜"，如图 11-37 所示。

图 11-37

02 单击"确定"按钮结束操作。

03 照片恢复处理前后图像的对比如图 11-38 所示。背景以及人物皮肤上的划痕减弱了许多。

图 11-38

11.5　创成式填充

创成式填充功能通过输入提示词，填充图像中的缺失部分，实现图像的合成、修复和风格迁移等目的。用户可以使用创成式填充工具来去除背景、添加细节、扩展图片空白部分等。

11.5.1　上下文任务栏工具介绍

Photoshop 2024版本新增加的上下文任务栏，能为下一步的操作提供更多的选择，通过文本的形式添加命令，可进行移除图像中的元素，或者完成图像的延伸和拓展等操作。

01 导入文档，打开Photoshop 2024，执行"文件"|"新建"命令，新建一个空白文档，上下文任务栏显示在画布上，如图 11-39所示。

02 执行"文件"|"打开"命令，打开一个图像或者文件，上下文任务栏显示在画布上，如图 11-40所示。

图 11-39　　　　　　　　　　图 11-40

03 从工具栏中选择文字工具并在画布上绘制文本框，上下文任务栏显示在画布上，如图 11-41所示。

04 优化选区或创建蒙版时，将显示此栏以及用于优化选区或创建蒙版的选项，如图 11-42所示。

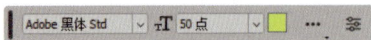　　　　　　

图 11-41　　　　　　　　　　　图 11-42

05 在上下文任务栏中单击三点图标 ，可访问其他选项菜单，其中包含"隐藏栏""重置栏位置"和"固定栏位置"，如图 11-43所示。这些操作应用于所有栏。

图 11-43

🔴 **提示**

隐藏栏：从屏幕中移除所有上下文任务栏，隐藏后可以随时通过访问"窗口"|"上下文任务栏"重新打开它们。

重置栏位置：将上下文任务栏的位置重置为默认位置。

固定栏位置：将上下文任务栏固定在它们所在的位置，直到取消固定。

11.5.2　实战：生成物体

使用上下文任务栏中的创成式填充指令，我们可以轻松为画面增加想要的内容。

01 启动 Photoshop 2024 软件，按快捷键 Ctrl+O，打开相关素材中的"红房子.jpg"文件，如图 11-44 所示。

图 11-44

02 使用"矩形选框"工具 框选画面，如图 11-45 所示，单击上下文任务栏中的"创成式填充"按钮，输入"一颗大树"后单击"生成"按钮，生成内容如图 11-46 所示。

图 11-45

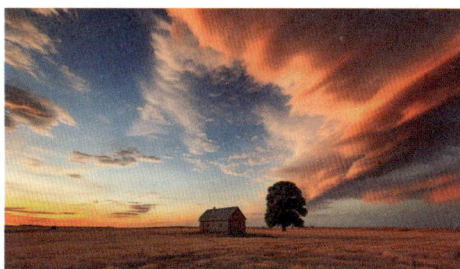

图 11-46

03 再使用"矩形选框"工具 框选出草坪部分，如图 11-47 所示，单击上下文任务栏中的"创成式填充"按钮，输入"一群吃草儿的小羊"后单击"生成"按钮，生成内容如图 11-48 所示。

图 11-47

图 11-48

🔴 提示

使用"创成式填充"指令后，如果没有出现满意效果，可以多次单击"生成"按钮。每次生成提供三个选项，在界面右侧保留生成记录，可以切换查看，如图 11-49 所示。

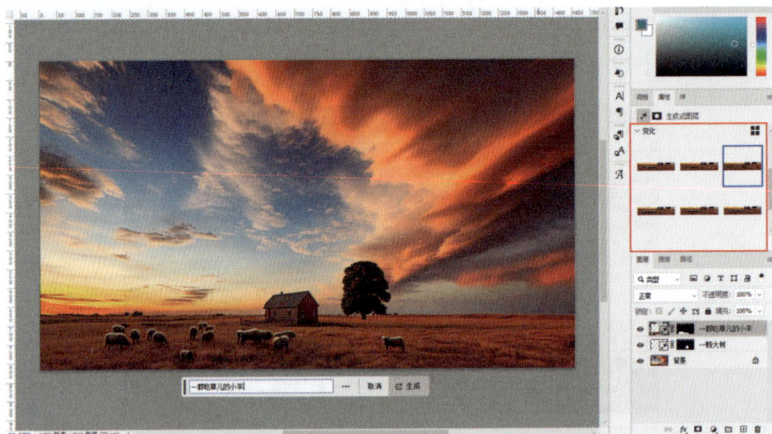

图 11-49

11.5.3 实战：移除物体

使用上下文任务栏中的创成式填充指令，我们可以轻松无痕去除不想要的画面内容。

01 启动 Photoshop 2024 软件，按快捷键 Ctrl+O，打开相关素材中的"老城区马路.jpg"文件，如图 11-50 所示。

02 使用"矩形选框"工具框选需要去除的汽车，如图 11-51 所示，单击上下文任务栏中的"创成式填充"按钮，输入"移除"后单击"生成"按钮，移除后画面如图 11-52 所示。

图 11-50

图 11-51

图 11-52

11.5.4 实战：扩展图像

我们还可以通过创成式填充功能扩展图像画面。

01 启动Photoshop 2024软件，按快捷键Ctrl+O，打开相关素材中的"水果盘.jpg"文件，如图11-53所示，可看到画面右侧的水果盘子并不完整。

02 首先使用"裁剪"工具 ⬐ 扩展画布宽度，再使用"矩形框选"工具 ⬚ 将待扩展的范围进行框选，如图11-54所示。

图 11-53

图 11-54

03 在上下文任务栏中单击"创成式填充"按钮，不需要输入任何描述直接单击"生成"按钮，如图11-55所示，即可在选区内扩充画面，扩展结果如图11-56所示。

图 11-55

图 11-56

🔴 提示

如果需要在选区内填充元素，如花草树木、动物等，需要在文本框内输入文字，描述添加内容的名称或情况，方便系统在识别文字内容后执行填充操作。

11.5.5 实战：人物换装

在图像上创建选区，然后在上下文任务栏中输入描述填充内容的中文，系统即可按照提示文字执行生成操作。

01 启动Photoshop 2024软件，按快捷键Ctrl+O，打开相关素材中的"女大学生.jpg"文件，效果如图11-57所示。

02 选择"多边形套索"工具 ⬔，在图像上创建选区，指定填充范围，如图11-58所示。

图 11-57

图 11-58

03 在上下文任务栏中单击"创成式填充"按钮，接着输入"黄色的连衣裙"，单击"生成"按钮，如图11-59所示。

04 稍等片刻，查看生成结果，如图11-60所示。

图 11-59 图 11-60

11.5.6 实战：人物换背景

使用上下文任务栏工具，我们可以快速选择主体，并替换画面背景。

01 启动 Photoshop 2024软件，按快捷键Ctrl+O，打开相关素材中的"商务男士.jpg"文件，如图11-61所示。

图 11-61

02 在上下文任务栏中单击"选择主体"按钮快速选择人物，没有框选到的部分可以使用"套索"工具〇重新框选，然后在选区内单击鼠标右键，在弹出的快捷菜单中单击"选择反向"选项，如图11-62和图11-63所示。

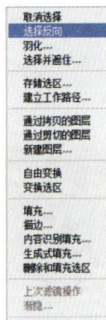

图 11-62 图 11-63

03 单击"创成式填充"按钮，输入"在会议厅"后单击"生成"按钮，如图 11-64 所示。

04 最终生成效果如图 11-65 所示。

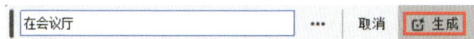

图 11-64 图 11-65

11.5.7 实战：老照片修复

使用上下文任务栏工具，我们可以对损坏的老照片画面进行修复，还可以使用 Neural Filters 中的"着色"功能还原画面的色彩。

01 启动 Photoshop 2024 软件，按快捷键 Ctrl+O，打开相关素材中的"老照片 .jpg"文件，如图 11-66 所示。

02 执行"滤镜"|"Neural Filters"菜单命令，如图 11-67 所示。

图 11-66 图 11-67

03 进入 Neural Filters 界面，在"所有筛选器"列表中选择"照片恢复"。将右侧的"照片强度""增强脸部"和"减少划痕"滑块向右移动，在"输出"列表中选择"智能滤镜"选项，如图 11-68 所示。

04 单击"所有筛选器"列表中的"着色"，按图 11-69 所示调整参数。

05 单击"确定"按钮，效果如图 11-70 所示。

图 11-68

图 11-69

图 11-70

06 使用"套索"工具 🔾.为图像下半部分中的残缺部分创建选区，如图 11-71 所示。

07 在上下文任务栏中单击"创成式填充"按钮，输入"衣服，手"，单击"生成"按钮，如图 11-72 所示，等待系统生成填充结果。

图 11-71

| 衣服，手 | ··· | 取消 | 生成 |

图 11-72

08 使用"套索"工具 🔾.为图像右侧创建选区，如图 11-73 所示。

09 在上下文任务栏中单击"创成式填充"按钮，输入"房间背景"。单击"生成"按钮，系统生成填充结果，如图 11-74 所示。

图 11-73

图 11-74

10 使用"修补"工具 🔲，对图像左上角进行修补，如图 11-75 所示。

11 单击面板下方的"创建新的填充或调整图层" 🔘 按钮，选择"曲线""色阶"和"自然饱和度"命令，按图 11-76 所示调整参数。

图 11-75

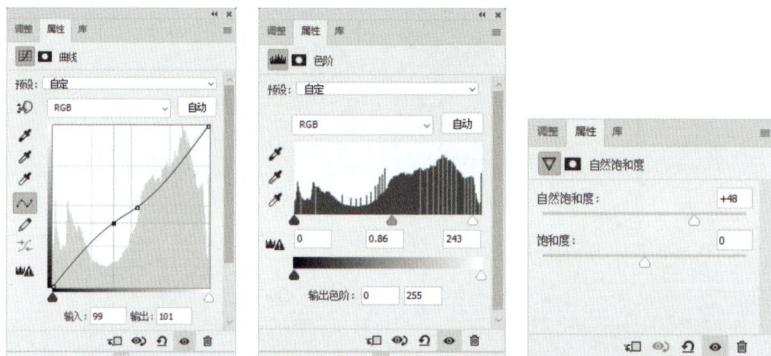

图 11-76

12 最终效果如图 11-77 所示。

图 11-77

第 12 章

Midjourney 修图, 开启二次创作之照片的神奇变身

我们不仅要熟悉 Midjourney 的图像生成功能, 还要深入挖掘其各种其他工具和功能, 掌握如何利用它们使图片达到我们想要的效果。通过不断地实践和尝试, 我们将能够充分利用 Midjourney 的强大功能, 创作出令人惊叹的作品。

12

12.1　实战：AI 照片的无损放大

Midjourney 的无损放大功能能在保持原图细节的情况下对图像进行放大。使用无损放大图片功能，可以一键生成分辨率放大到原来的 2～4 倍且放大后细节清晰的图片。

01 首先启动 discord，进入个人创建服务器页面。

02 单击聊天对话框，选择"/imagine"文生图指令。

03 在指令框中输入英文提示词"Young beautiful Audrey Hepburn in the castle, near the window, walking to the palace, in the style of pseudo-historical fiction, light pink and light green, movie still, understated elegance, exaggerated facial features, iconic, stylish costume design, baroque-inspired drama, large view --ar 16:9."（年轻貌美的奥黛丽·赫本在城堡中，靠近窗户，走向宫殿，伪历史小说风格，浅粉色和浅绿色，电影剧照，低调优雅，夸张的五官，标志性，时尚的服装设计，巴洛克风格的戏剧，大视角）。如图 12-1 所示。

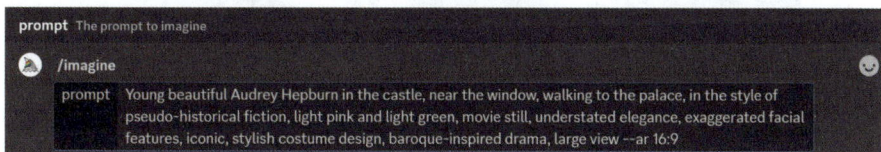

图 12-1

04 按 Enter 键确认，选择一张满意的图片后单击下方对应的"U"按钮进行放大，如图 12-2 所示。

图 12-2

05 此时图像下方出现一排按钮，如图 12-3 所示，"Upscale(2x)"按钮为在原图基础上放大 2 倍，"Upscale(4x)"按钮为在原图基础上放大 4 倍，可任意选择其中一个按钮进行放大。

图 12-3

图 12-4

06 单击无损放大按钮，放大效果如图 12-4 所示。

07 放大细节对比，图 12-5 所示为原图，图 12-6 所示为放大 2 倍的图像，图 12-7 所示为放大 4 倍后的图像。

图 12-5

图 12-6

图 12-7

提示

目前可使用无损放大功能的版本有 niji5 和 v5 以上版本，该功能只能在 fast 模式下使用，4 倍放大花费的算力和时间会比两倍多。

同时需要注意，在非常罕见的情况下，可能会在 4 倍放大时看到黑色或损坏的图像。模糊的低分辨率图像放大后还是会模糊，有时放大后的图像比原图像稍微暗一些。

218

12.2　实战：AI 照片的扩展

通过使用 Midjourney 的图片扩展功能，能够轻松地调整生成图片的尺寸。可以选择向上、下、左或右四个不同方向来扩展图片，也可以选择以中心点为基准进行放大。该功能能够帮助用户更好地调整和优化图片的尺寸和比例，以满足不同的需求和用途。

01 首先启动 discord，进入个人创建服务器页面。

02 单击聊天对话框，选择"/imagine"文生图指令。

03 在指令框中输入英文提示词"A cat with a snow-covered back, standing on the eaves of a house looking at the camera, chubby, snowing, surrounded by plants, frozen, outdoors, distant view, natural light, HDR, post color grading, high detail, shot in 8K."（一只背部被雪覆盖的猫，站在屋檐上看镜头，胖乎乎的，下雪，被植物包围着，冻结，在户外，远景，自然光，HDR，后期调色，高细节，用 8K 拍摄），如图 12-8 所示。

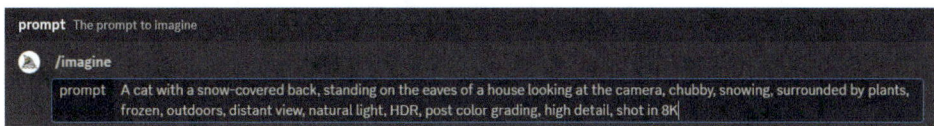

```
prompt  The prompt to imagine
/imagine
prompt  A cat with a snow-covered back, standing on the eaves of a house looking at the camera, chubby, snowing, surrounded by plants,
        frozen, outdoors, distant view, natural light, HDR, post color grading, high detail, shot in 8K
```

图 12-8

04 按 Enter 键确认，即可生成四张相应的图片，使用 U 按钮放大所选图像，如图 12-9 所示。

05 放大图像后，图像下方会出现一些按钮，如图 12-10 所示。

图 12-9

图 12-10

第二排 Zoom out 按钮的含义如下。

◇　Zoom out 2x：2 倍变焦，在图片边缘填充 2 倍的内容；

◇　Zoom out 1.5x：1.5 倍变焦，在图片边缘填充 1.5 倍的内容；

◇　Custom Zoom：自定义变焦，可以自定义变焦倍数，也可以重新调整图片的比例。

06 单击 Zoom out 1.5x 按钮，扩图效果如图 12-11 所示；单击 Zoom out 2x 按钮，扩图效果如图 12-12 所示。

图 12-11

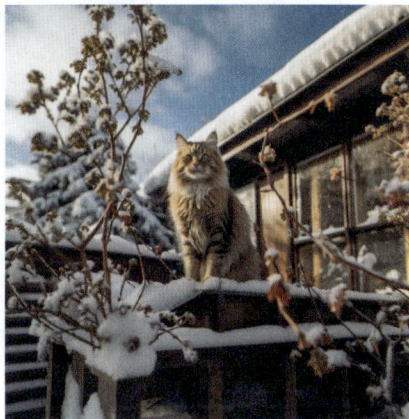

图 12-12

第三排箭头按钮的含义如下。

◇ ⬅️：向左平移扩展图像；

◇ ➡️：向右平移扩展图像；

◇ ⬆️：向上平移扩展图像；

◇ ⬇️：向下平移扩展图像。

07 单击➡️按钮进行向右平移扩展图像，如图 12-13 所示。

08 向右平移扩展后效果如图 12-14 所示。

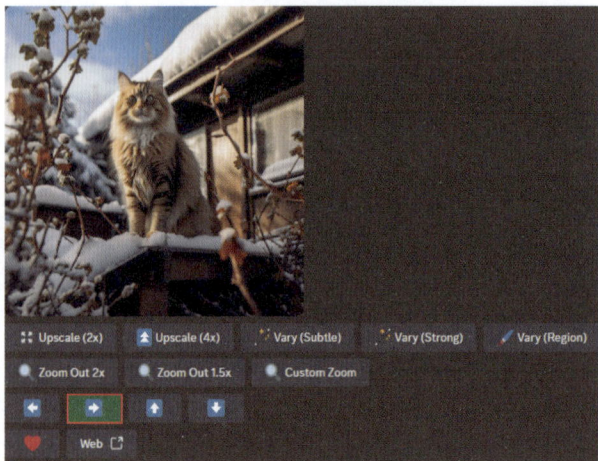

图 12-13

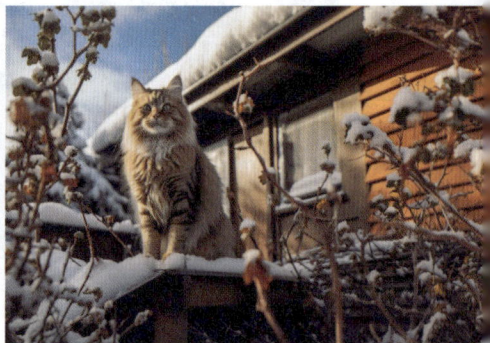

图 12-14

09 单击⬆️按钮进行向上平移扩展图像，如图 12-15 所示。

10 向上平移扩展后效果如图 12-16 所示。

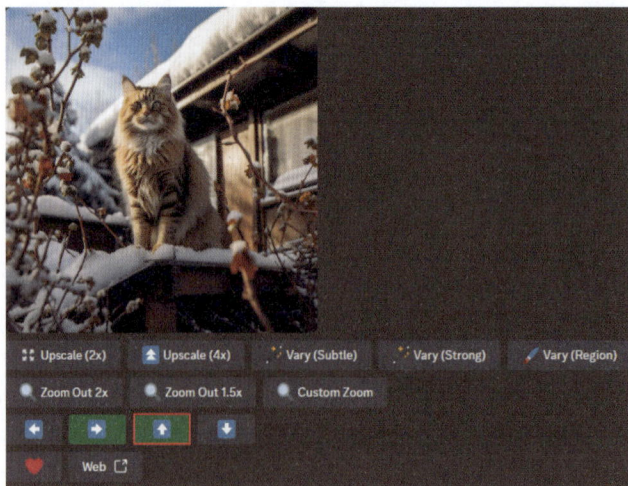

图 12-15

图 12-16

12.3　AI 照片的局部重绘

Midjourney局部重绘功能可以帮助我们修改生成的画面，当画面生成错误，或我们对画面的整体满意但对小的细节或元素不满意的时候，就可以使用局部重绘功能进行修改。

12.3.1　设置局部重绘功能参数

想要使用Midjourney局部重绘功能，首先需要在设置中打开Remix mode模式，使生成的图像出现可重绘按钮。

01 首先在Midjourney页面中单击聊天框，使用"/settings"指令，如图12-17所示，单击"确定"按钮发送指令。

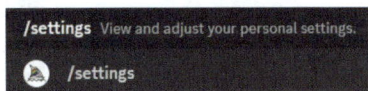

/settings View and adjust your personal settings.

　/settings

图 12-17

02 指令发送后，在出现选项中单击Remix mode打开混合模式，如图12-18所示。

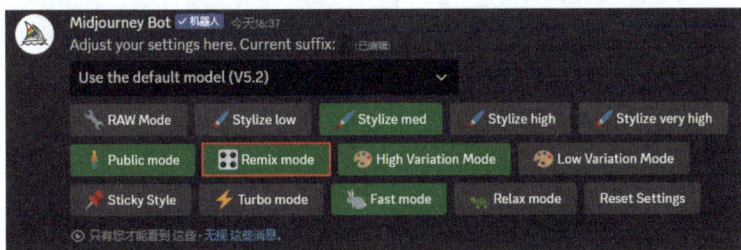

图 12-18

12.3.2　实战：局部重绘

本实战将使用Midjourney局部重绘功能对画面中的花篮进行修改，具体操作如下。

01 首先启动discord，进入个人创建服务器页面。

02 单击聊天对话框，选择"/imagine"文生图指令。

03 在指令框中输入英文提示词"A young girl dressed in blue is holding a basket of flowers, with a light sky blue and light yellow style, rustic nostalgia, solid color, deep blue and light red, coastal scenery, elegant clothing, photo --ar 3:4."（蓝衣少女手捧花篮，浅天蓝与浅黄风格，质朴怀旧，纯色，深蓝色与浅红色，海岸风光，优雅服饰，写真），如图12-19所示。

图 12-19

04 按Enter键确认，即可生成四张相应的图片，如图 12-20所示，使用U按钮放大所选图像。

05 放大图像后，图像下方会出现三排按钮，如图 12-21所示。单击"Vary (Region)"指令，打开编辑界面，如图 12-22所示。

图 12-20

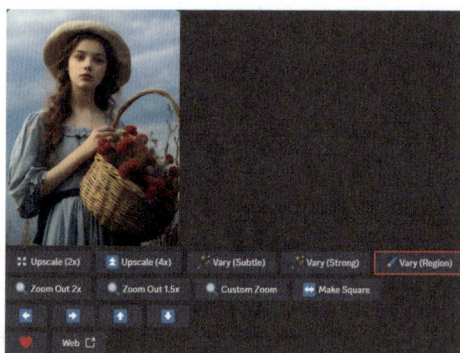

图 12-21

06 单击"套索"工具❤框选出花篮区域，在输入框中输入提示词"Holding a brown stuffed bear doll."（抱着一只棕色的毛绒小熊玩偶），如图 12-23所示。

图 12-22

图 12-23

> **提示**
>
> 目前Midjourney的选区工具有两种，一种是矩形工具，一种是套索工具，选择适合的工具对区域进行创建选区重绘即可。
>
> 【取消】🔄：返回，已选的区域不想要了，可单击这个取消按钮；
>
> 【矩形工具】▣：适合大范围或者比较广泛的区域进行重绘；
>
> 【套索工具】❤：可以实现更精细化、更自由的区域的重绘；
>
> 【提交工作】➡：最后一步，确认发送。

07 单击"提交工作"➡进行绘图发送，效果如图 12-24所示。

图 12-24

12.3.3 实战：脸部重绘

本实战将使用 Midjourney 局部重绘功能对生成的人物脸部进行替换，具体操作如下。

01 首先启动 discord，进入个人创建服务器页面。

02 单击聊天对话框，选择"/imagine"文生图指令。

03 在指令框中输入英文提示词"Agricultural Product Promotional Film, Photographing a Chinese 30-year-old female farmer, in a peach plantation, holding a basket with peaches, with happy smile on her face, The sunlight on her face, Fine lines are visible on the skin, outdoor peach forest, the background is harvest peach grove, HD Portrait Photography, Wide Angle, Ultra-HD Quality, Half-length Portrait, Fujifilm Filter, 32K --ar 3:4."（农产品宣传片，拍摄一位中国 30 岁的女农民，在桃园里，拿着装有桃子的篮子，脸上洋溢着幸福的笑容，阳光洒在她的脸上，皮肤上的细纹清晰可见，户外桃林，人物背景是一片丰收的桃林，高清人像摄影，广角，超高清画质，半身人像，富士滤镜，32K），如图 12-25 所示。

图 12-25

04 按 Enter 键确认，选择一张满意的图片，单击下方对应的 U 按钮进行放大，如图 12-26 所示。

05 放大图像后，图像下方会出现三排按钮，如图 12-27 所示，单击"Vary(Region)"指令，打开编辑界面。

06 打开编辑界面后，单击"套索"工具 框选脸部区域，在输入框中输入提示词"A beautiful young European woman."（一个年轻漂亮的欧洲女人），如图 12-28 所示。

图 12-26

图 12-27

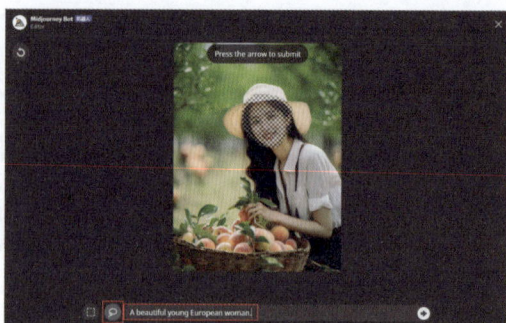

图 12-28

07 单击"提交工作" ⊙进行绘图发送,效果如图 **12-29**所示。

图 12-29

12.3.4　实战:衣服换装

本实战将使用Midjourney局部重绘功能对生成的模特进行换装,具体操作如下。

01 首先启动discord,进入个人创建服务器页面。

02 单击聊天对话框,选择"/imagine"文生图指令。

03 在指令框中输入英文提示词"A beautiful Chinese female model, full body shot, long legs, light gray background --ar 3:4."(一个美丽的中国女模特,全身照,长腿,浅灰色背景),如图 **12-30**所示。

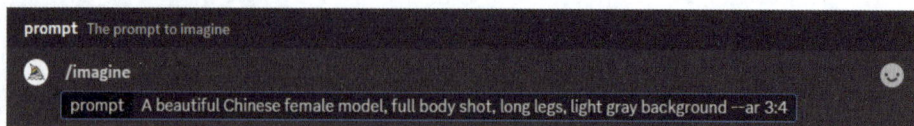

图 12-30

04 按Enter键确认,即可生成四张相应的图片,如图 **12-31**所示,使用U按钮放大所选图像。

05 放大图像后,图像下方会出现三排按钮,如图 **12-32**所示,单击"Vary(Region)"指令,打开编辑界面。

图 12-31

图 12-32

06 打开编辑界面后，单击"矩形"工具⬚框选出身体区域，在输入框中输入提示词：Stylish simple red dress, flowing, summer（时尚简约的红色连衣裙，飘逸，夏天），如图 12-33 所示。

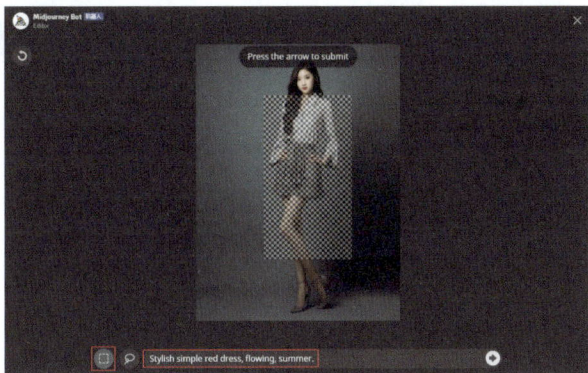

图 12-33

07 单击"提交工作"◉进行绘图发送，换装效果如图 12-34 所示。

图 12-34

12.4　真实人脸无痕替换

Midjourney 随机性非常强，在替换人脸时无论是垫图还是融合，都很难把脸还原。目前我们可以借助 InsightFaceSwap 机器人对人脸进行控制，轻松地将自己的照片和 AI 图片进行转换。

12.4.1　添加 InsightFaceSwap 机器人

InsightFaceSwap 机器人是一种可以在 Discord 平台上使用的基于人工智能的人脸控制技术。用户可以选择上传自己的图片，使用该技术将照片中的人脸替换成其他人的脸。该技术的优点在于它可以在不侵犯肖像权和隐私权的前提下，为用户提供更多的人脸控制选项和创意可能性。

01 首先打开 discord 论坛并且登录好。

02 然后进入到 InsightFace 网页中，如图 12-35 所示。

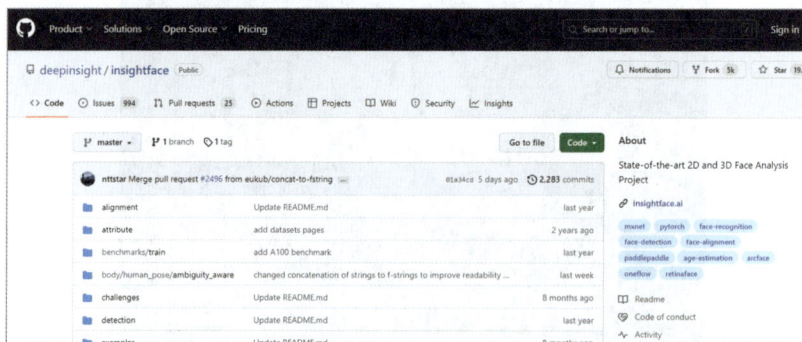

图 12-35

03 进入网页后往下浏览，找到 Top News，单击"2023-04-01"后面的蓝色链接，如图 12-36 所示。

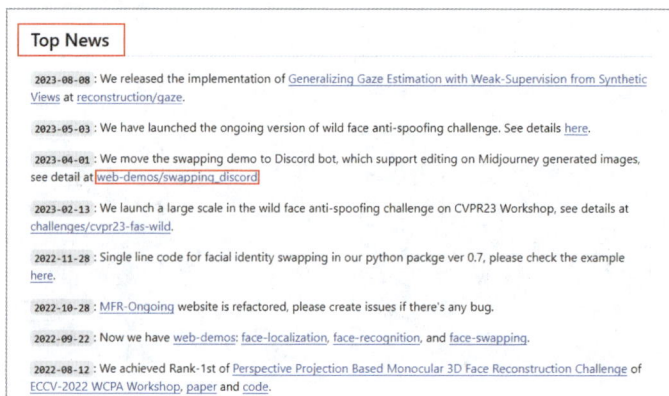

图 12-36

04 进入新页面后继续往下浏览，找到Step-by-step guide，并单击下方的蓝色链接，如图 12-37 所示。

05 跳转到discord中，弹出面板，如图 12-38 所示，选择需要添加的服务器位置后，单击"继续"按钮。

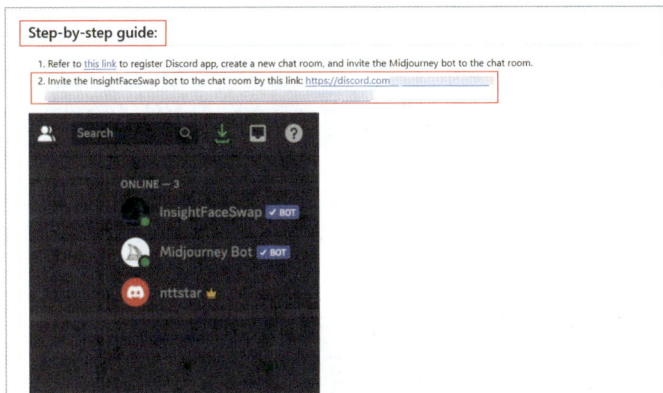

图 12-37

图 12-38

06 在出现的面板中单击"授权"按钮，如图 12-39 所示。

07 完成后，单击"前往服务器"按钮，即添加成功，如图 12-40 所示。

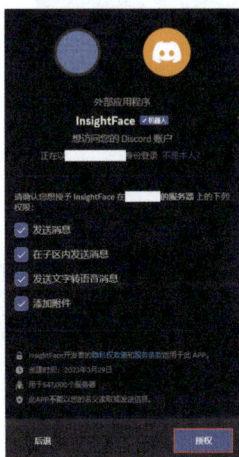

图 12-39

图 12-40

08 添加完成后，打开添加至的服务器，单击"隐藏成员名单" 🖳 按钮，可以找到InsightFaceSwap机器人显示位置，如图 12-41 所示。

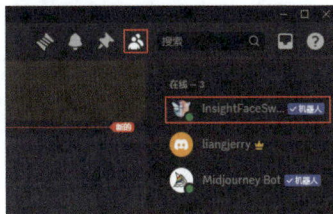

图 12-41

12.4.2　实战：写真人脸替换

首先选择一张想要的人脸样本，注意选择面部清晰并且没有遮挡物的正脸照片。

01 在 Midjourney 页面中单击聊天框，使用 /saveid 指令，如图 12-42 所示。

图 12-42

02 单击"idname"按钮，对上传的人像照进行命名，然后再单击"请添加文件"按钮，上传该目标人像素材，如图 12-43 所示。

图 12-43

> **提示**
>
> idname 名称：素材图像命名，在 8 个字符以内，只允许使用数字和字母；
> 查看 idname 名称：使用 /listd 命令进行查看；
> 删除 idname 名称：使用 /delid（部分删除）和 /delall（全部删除）命令删除已经注册的 id。

03 按 Enter 键确认，上传成功后，这张图片被命名为 sucai1，如图 12-44 所示。

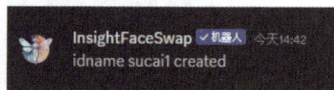

图 12-44

人像素材上传成功后，我们可以选择一张人像或者生成一张人像进行脸部替换。下面我们将生成的图片替换成上传的人脸，具体操作如下。

04 首先启动 discord，进入个人创建服务器页面。

05 单击聊天对话框，选择"/imagine"文生图指令。

06 在指令框中输入英文提示词"A beautiful 28 year old Chinese woman in a cheongsam, elegant and outstanding, with pearl earrings and pearl necklace, old Shanghai style, extreme close-up, HD 18K, --ar 3:4."（一位 28 岁的美丽中国女性，穿着旗袍，气质优雅出众，带着珍珠耳环和珍珠项链，老上海风格，极致特写，高清18K），如图 12-45 所示。

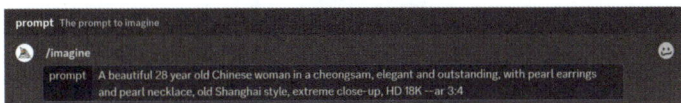

图 12-45

07 按 Enter 键确认，生成图片如图 12-46 所示，再用鼠标右键单击图片，在弹出的菜单中选择"保存图片"，如图 12-47 所示。

08 在 Midjourney 页面中单击聊天框，使用 /swapid 指令，单击"idname"按钮，输入前面命名好的名字"sucai1"，再单击"请添加文件"按钮，添加刚生成的图片，如图 12-48 所示。

图 12-46

图 12-47

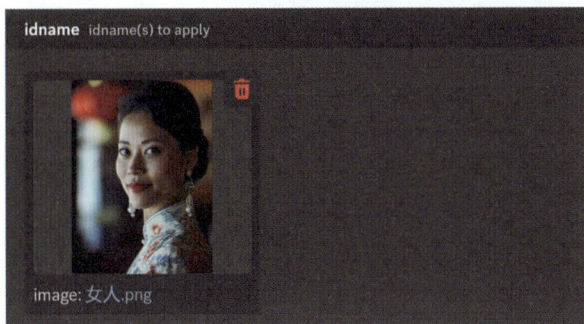

图 12-48

09 按 Enter 键确认，原图如图 12-49 所示，替换图片如图 12-50 所示。

图 12-49

图 12-50

第 13 章

像素蛋糕修图：
优化作品质量与效果的技巧

像素蛋糕PixCake作为一款专为商业摄影师和设计师打造的像素级AI精修软件，可以实现亿级像素的真精修效果，让照片中人物的肤色、肤质、妆容、胖瘦等方面得到优化和提升，同时支持自定义预设和批量处理功能，大大节省了后期修图的时间和成本。

13

13.1　像素蛋糕简介

　　像素蛋糕是一款基于AI深度学习的商业摄影后期修图软件，专为商业摄影师和设计师打造。其拥有实时调色、中性灰磨皮、全身液化、衣服去褶皱、换天空、背景去瑕疵等行业领先的后期图像处理功能，如图13-1所示。

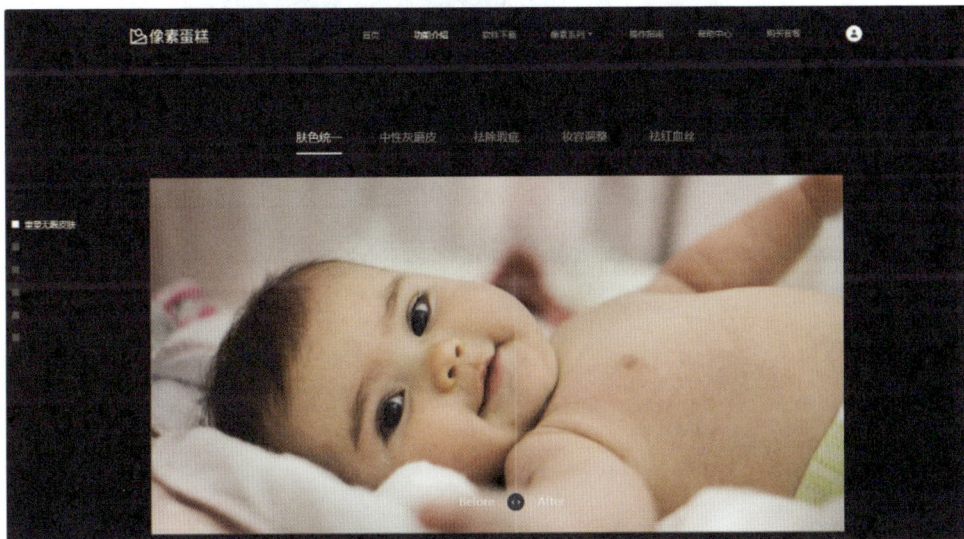

图 13-1

　　像素蛋糕还可以帮助用户实现一键智能Raw转档调色、一键磨皮、全身液化等功能，轻松完成"一秒初修，三秒精修"的批量修图操作。

　　像素蛋糕具有多种独家AI技术，可以智能分析每一张照片，并根据不同需求进行优化处理。同时，它支持自定义预设和批量处理功能，大大提高了后期修图的效率。

13.2　像素蛋糕功能介绍

　　像素蛋糕致力于为商业摄影提供智能影像解决方案，智能分析每一张照片，以达到商业级后期处理的效果。

13.2.1　登录页面

　　首页登录账号开启修图之旅，如是商家子账号，请单击右下角"商家账号登录"，输入账号及密码登录，如图13-2所示。

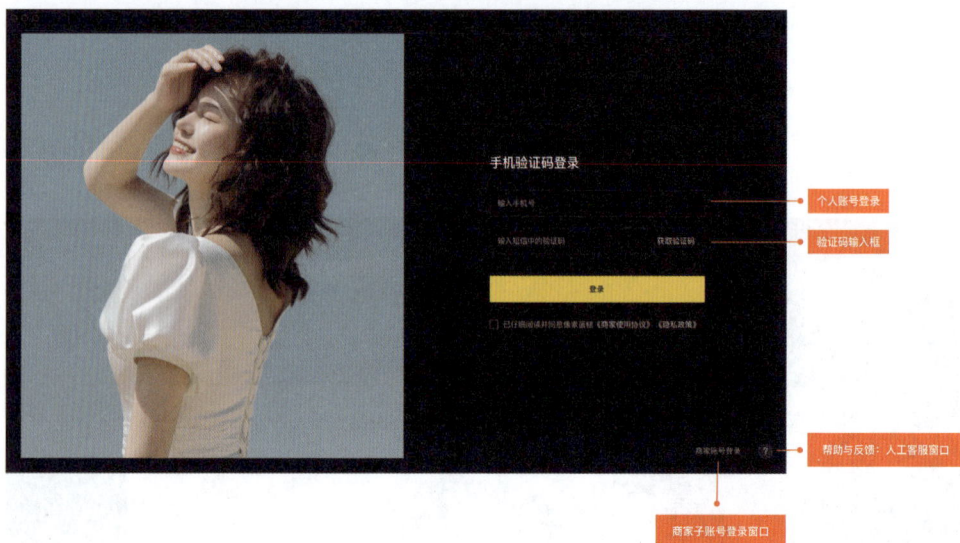

个人账号登录

验证码输入框

帮助与反馈：人工客服窗口

商家子账号登录窗口

图 13-2

13.2.2　项目创建页面

如图 13-3 所示，在这里可以创建并管理项目图片。

回收站：存储近30天删除图片或项目

已创建项目

搜索查询历史项目

添加项目

删除项目或重命名项目名称

图 13-3

13.2.3　精修工作区概述

创建项目后，即可进入工作区开始对图片项目进行精修。工作区共分为 5 个区域，如图 13-4 所示。

图 13-4

【上方跳转区】：包含返回选项、图库与精修界面、购买套餐、个人中心与设置、导出列表，以及导出等功能按键。

【上方工具栏区域】：在此区域您可以调整图片视图大小、拖曳图片、手动液化或一键运用预设等操作。

【下方缩略图区域】：您导入的图片可在该区域查看缩略图，在此您可标星、添加图片或将图片重新排序。

【中间效果预览区】：您正在美化的图片可在此处查看预览效果，最终修图效果以导出后的图片为准。

【右侧功能模块区】：单击最右侧的菜单图标可切换不同功能。

13.3　人像修图

13.3.1　实战：祛除瑕疵

选择祛除瑕疵功能，可以在保证皮肤纹理清晰度的情况下去除皮肤上的斑点和痘印，恢复皮肤的平滑与光泽，还能一键去除掉身体瑕疵和脸部皱纹等。

01 启动像素蛋糕软件，单击"创建新项目"按钮，如图 13-5 所示，在弹出的创建新项目面板中，输入项目名称，如图 13-6 所示。

图 13-5

图 13-6

02 单击保存按钮后，在弹出的面板中单击"导入图片"选项，如图 13-7 所示。打开相关素材"女人.jpg"文件，如图 13-8 所示。

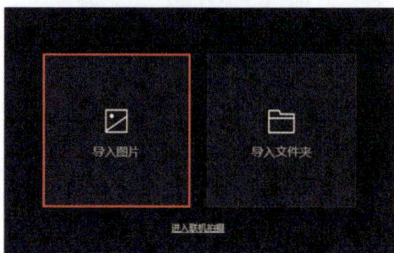
图 13-7

图 13-8

03 单击面板右侧的"人像美化" ⬤ 按钮，找到"祛除瑕疵"选项并单击下拉列表进行调整，调整参数如图 13-9 所示。

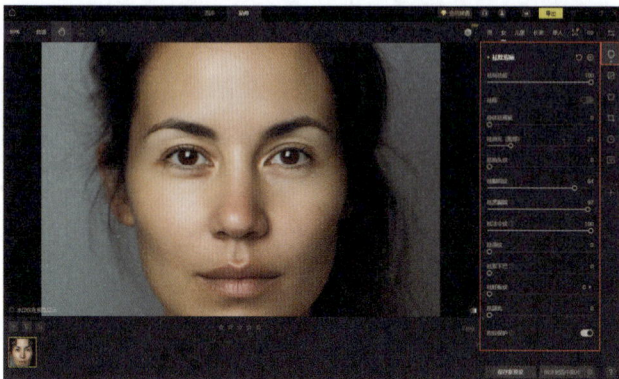
图 13-9

04 调整前和调整后的效果如图 13-10 所示。

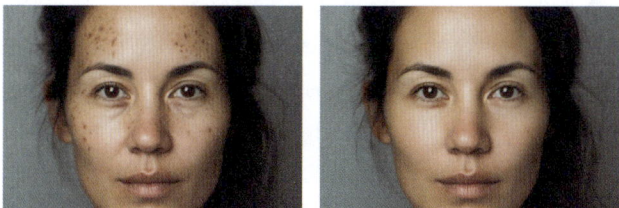
图 13-10

13.3.2 实战：皮肤调整

选择皮肤调整功能，能够快速对皮肤进行磨皮调整，包括中性灰磨皮、水润磨皮等，同时还有AI一键统一肤色功能，有效应对过敏、泛红、黄疸、淤青等多种问题。调节肤色的同时保留细节，无损光影纹理，还原透亮肌肤。

01 启动像素蛋糕软件，导入相关素材"男人.jpg"，执行"人像美化"|"皮肤调整"菜单命令，打开"皮肤调整"选项，进行参数调节，滑动参数滑块，系统自动进行处理，参数调整如图13-11所示。

02 调整前和调整后的效果如图13-12所示。

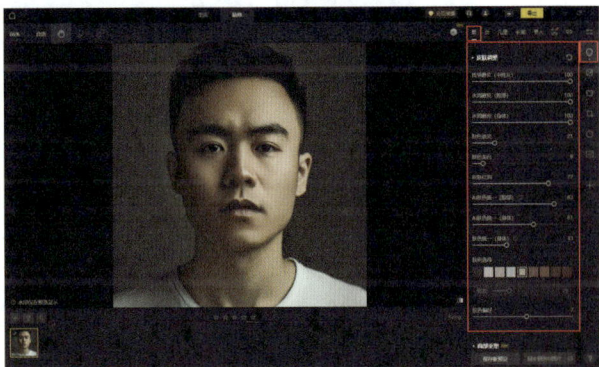

图 13-11

13.3.3 实战：面部重塑

选择面部重塑功能，能快速调节面部五官，对人像五官精准分割，支持局部位置、形状、倾斜角度精准调整，完美提升面部精致度。对称液化功能可以有效矫正五官和上半身的倾斜问题，轻松矫正大小眼、歪脖、高低肩，帮助提高修图效率。

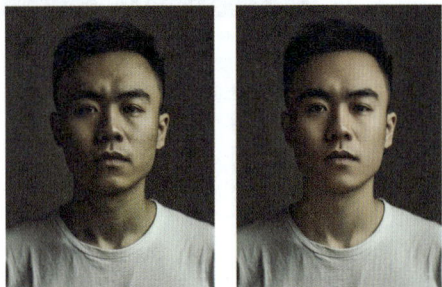

图 13-12

01 启动像素蛋糕软件，导入相关素材"秋天写真.jpg"，执行"人像美化"|"祛除瑕疵"菜单命令，打开"祛除瑕疵"选项，滑动参数滑块进行参数调节，如图13-13所示，再执行"人像美化"|"皮肤调整"菜单命令，打开选项进行参数调节，系统自动进行处理，如图13-14所示。

图 13-13 　　　　　图 13-14

02 继续执行"人像美化"|"面部重塑"菜单命令，打开"面部重塑"选项，找到"脸型""眉毛""眼睛""鼻子""嘴巴"并依次进行调节，参数调整如图13-15和图13-16所示。

03 调整前和调整后的效果如图13-17所示。

图 13-15

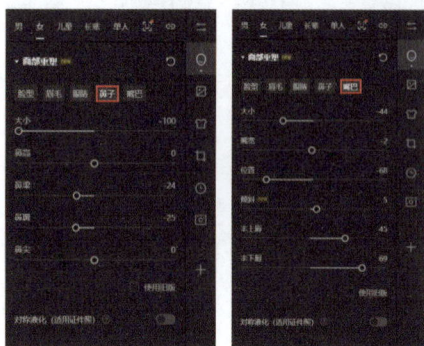

图 13-16

图 13-17

13.3.4 实战：妆容调整

选择妆容调整功能，可以快捷调整面部妆容，同时还可以选择主题妆容进行一键换妆。

01 启动像素蛋糕软件，导入相关素材"写真面部重塑.jpg"，执行"人像美化"|"妆容调整"菜单命令，打开"妆容调整"选项，滑动参数滑块进行参数调节，如图13-18所示。

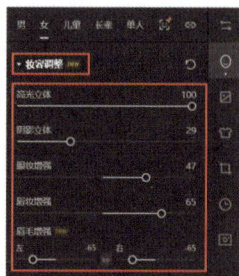

图 13-18

02 再找到下方的"主题妆容""眉毛""眼妆""睫毛"等选项，进行参数调节，参数设置如图 13-19 和图 13-20 所示。

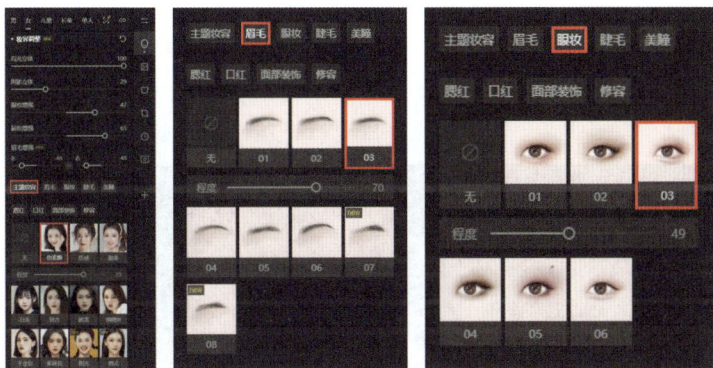

图 13-19

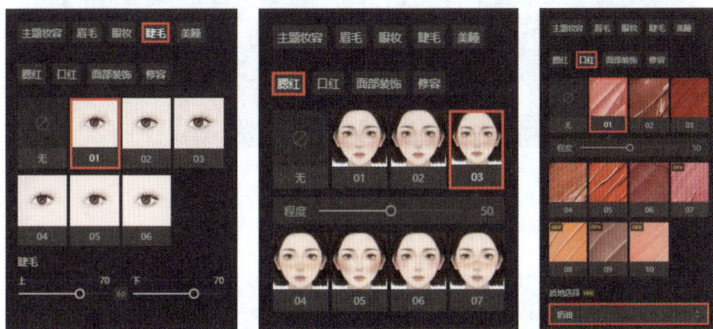

图 13-20

03 最后再单击"头发调整"指令，调整参数如图 13-21 所示。

04 调整前和调整后的效果如图 13-22 所示。

图 13-21

图 13-22

13.3.5　实战：牙齿美化

牙齿美化技术能够结合人物的嘴部动作和牙齿结构，设计出与原图相适应的健康整洁牙齿，无需担心牙套不美观、牙齿不齐，AI一键还你满分笑容。

01 启动像素蛋糕软件，导入相关素材"微笑的女孩.jpg"，执行"人像美化"|"牙齿美化"菜单命令，单击"牙齿修复"按钮进行一键修复，参数调整如图13-23所示。

图13-23

02 调整前和调整后的效果如图13-24所示。

图13-24

13.3.6　实战：全身美型

全身美型功能可以进行快速全身美型。在全身美型功能中，增加了AI塑形功能，3D骨骼点定位技术能够结合人物体态，自动匹配美型方案，实现自然"微整形"。

01 启动像素蛋糕软件，导入相关素材"健身.jpg"，执行"人像美化"|"全身美型"菜单命令，打开"全身美型"选项，进行参数调节，滑动参数滑块设置各参数后，系统自动进行处理，参数调整如图13-25所示。

图 13-25

02 调整前和
调整后的效果如图
13-26 所示。

图 13-26

13.3.7 实战：衣服美化

衣服美化功能可以快速去除掉衣服上的褶皱，告别繁复操作，快速还原衣服的
细腻质感。

01 启动像素蛋糕软件，导入相关素材"白衣服女孩.jpg"，执行"衣服美化"|"衣
服调整"菜单命令，打开"衣服调整"选项，进行参数调节，滑动参数滑块设置各
参数后，系统自动进行处理，参数调整如图 13-27 所示。

图 13-27

02 调整前和调整后的效果如图 13-28所示。

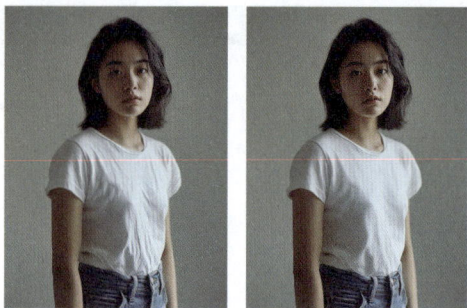

图 13-28

13.4　调色处理

13.4.1　实战：滤镜

滤镜是用于调整图片的特效工具，可以改变图像色彩、对比度、饱和度等，增加艺术效果或模拟不同的拍摄条件。

01 启动像素蛋糕软件，导入相关素材"街道.jpg"，单击"色彩调节" ■ 按钮，打开色彩调节面板后，找到"滤镜"选项，如图 13-29所示。

02 在"滤镜"选项中单击"更多"按钮后，找到"摩登都市"滤镜进行设置，设置参数如图 13-30所示。

图 13-29

图 13-30

03 调整前和调整后的效果如图 13-31所示。

图 13-31

13.4.2　实战：白平衡

白平衡是用来校正图像色温和色彩偏差的功能，使图像看起来更自然和真实。

01 启动像素蛋糕软件，导入相关素材"电饭煲.jpg"，单击"色彩调节"  按钮，打开"色彩调节"面板后，找到"白平衡"选项，如图13-32所示。

图13-32

02 单击"白平衡"选项，进行参数设置，如图13-33所示。

03 调整前和调整后的效果如图13-34所示。

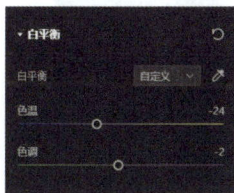

图13-33

图13-34

13.4.3　实战：影调

影调是照片的基调，其实也就是日常说的光影。影调是通过处理照片的明暗关系层级来塑造造型、表达情感、渲染氛围，所以调整影调就是处理照片的明暗关系。

01 启动像素蛋糕软件，导入相关素材"百合花.jpg"，单击"色彩调节"  按钮，打开"色彩调节"面板，如图13-35所示。

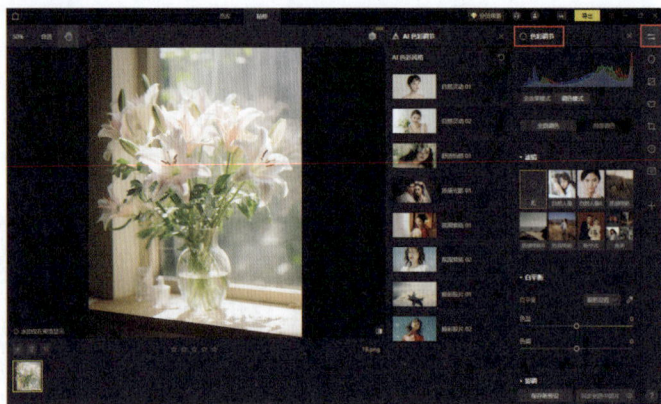

图 13-35

02 打开"色彩调节"面板后，找到"白平衡"选项，先校正画面的偏色问题，调整参数如图 13-36 所示。

03 打开"影调"选项，调整画面的曝光，调整参数如图 13-37 所示。

04 最后再找到"曲线"选项调整画面的色彩，调整参数如图 13-38 所示。

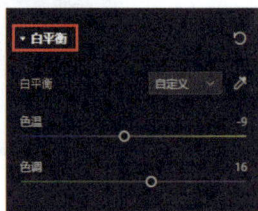

图 13-36

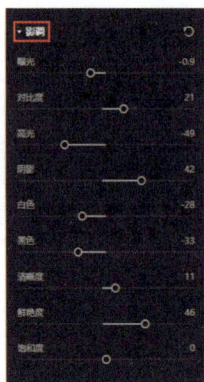

图 13-37

图 13-38

05 调整前和调整后的效果如图 13-39 所示。

图 13-39

13.4.4　实战：曲线

曲线工具用于调整图像的亮度、对比度和色彩平衡，通过调整曲线上控制点的位置可以改变图像的亮度和对比度，从而达到更好的色彩表现和视觉效果。

01　启动像素蛋糕软件，导入相关素材"商拍毛衣.jpg"，单击"色彩调节" ⚙ 按钮，打开"色彩调节"面板后，找到"曲线"选项，设置参数如图 13-40 所示。

02　调整前和调整后的效果如图 13-41 所示。

图 13-40

13.4.5　实战：HSL

HSL 是一种用于调整图像色调、饱和度和亮度的工具，可以精确控制图像中的颜色效果。

01　启动像素蛋糕软件，导入相关素材"豆浆机.jpg"，单击"色彩调节" ⚙ 按钮，打开"色彩调节"面板后，找到"HSL"选项，设置参数如图 13-42 所示。

图 13-41

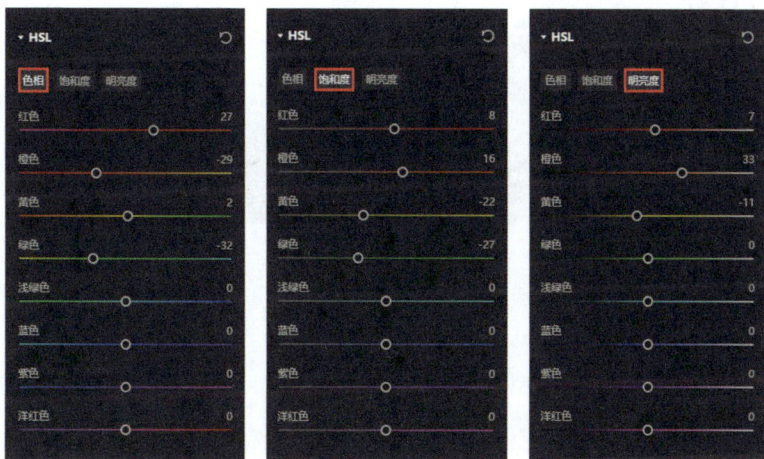

图 13-42

02 调整前和调整后的效果如图 13-43 所示。

图 13-43

13.4.6 实战：细节

细节调整是能够增强或减少图像细节的工具，可以调整图像的锐化、去噪和局部对比度，以改善图像的清晰程度和细节表现。

01 启动像素蛋糕软件，导入相关素材"吃冰激凌的小孩.jpg"，单击"色彩调节" ■ 按钮，打开"色彩调节"面板后，找到"细节"选项，设置参数如图 13-44 所示。

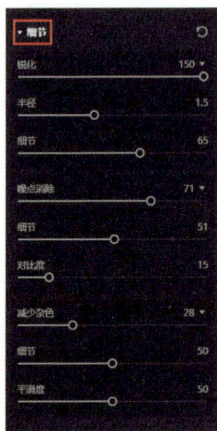

图 13-44

02 调整前和调整后的效果如图 13-45 所示。

图 13-45

13.4.7 实战：颗粒

颗粒工具能够模拟或添加图像噪点，为图像增加艺术感，营造复古风格。

01 启动像素蛋糕软件，导入相关素材"海鸥.jpg"，单击"色彩调节" ■ 按钮，打开"色彩调节"面板后，找到"滤镜"选项，如图 13-46 所示。

02 在"滤镜"选项中单击"更多"按钮后，找到"浓郁胶片"滤镜进行设置，设置参数如图 13-47 所示。

图 13-46　　　　　　　　　　　　　图 13-47

03 在"色彩调节"面板中找到"颗粒"选项，为画面增加噪点，调整参数如图 13-48 所示。

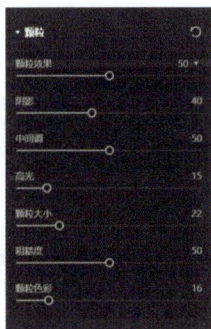

图 13-48

04 调整前和调整后的效果如图 13-49 所示。

图 13-49

13.4.8　实战：校准

校准工具的初衷是为了解决 RAW 文件和相机标准之间偏色的问题，但随着后期技术的发展，现在该工具更多被应用于调色领域。校准工具可以快速让画面颜色和明暗变得和谐统一。

01 启动像素蛋糕软件，导入相关素材"河流.jpg"，单击"色彩调节" 🔘 按钮，打开"色彩调节"面板后，找到"校准"选项，设置参数如图 13-50 所示。

图 13-50

02 调整前和调整后的效果如图 13-51 所示。

图 13-51

13.4.9 实战：镜头调整

在日常拍摄风景或高大的建筑时，由于范围过大，要想拍到全景的话，会出现因为透视而产生畸变的问题。镜头调整工具可以对画面中产生的畸变进行校正。

01 启动像素蛋糕软件，导入相关素材"欧洲广场 .jpg"，单击"色彩调节" 按钮，打开"色彩调节"面板后，找到"镜头调整"选项，设置参数如图 13-52 所示。

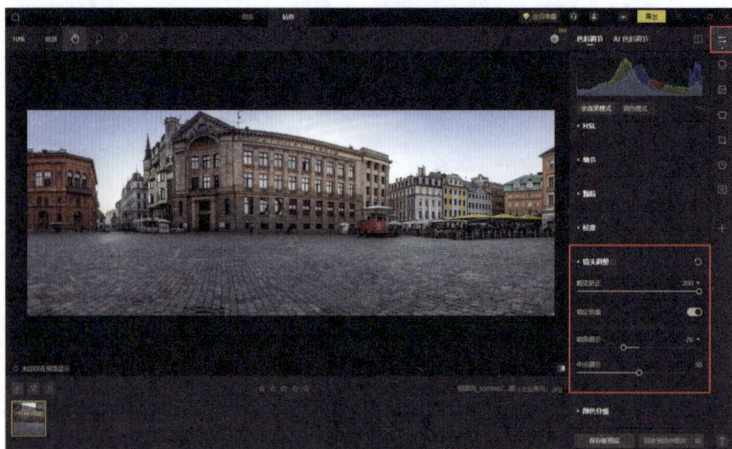

图 13-52

02 调整前和调整后的效果如图 13-53 所示。

图 13-53

13.4.10 实战：颜色分级

颜色分级工具将照片按照不同的明暗区域分为"阴影""中间调"和"高光"三级。通过颜色分级，可以单独调整这三个不同明暗区域的颜色偏向和明暗关系。

01 启动像素蛋糕软件，导入相关素材"欧洲镜头调整.jpg"，单击"色彩调节" 🔑 按钮，打开"色彩调节"面板后，首先找到"影调"选项，调整图片的明暗度，设置参数如图 13-54 所示。

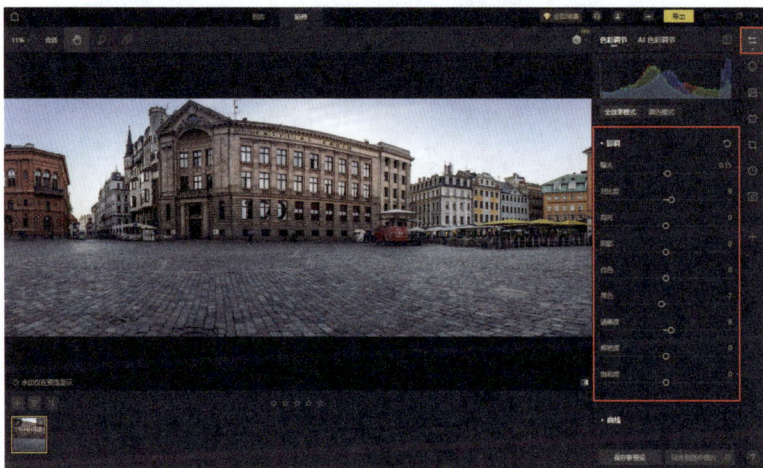

图 13-54

02 再单击"颜色分级"选项，调整画面的色彩走向，调整参数如图 13-55 所示。

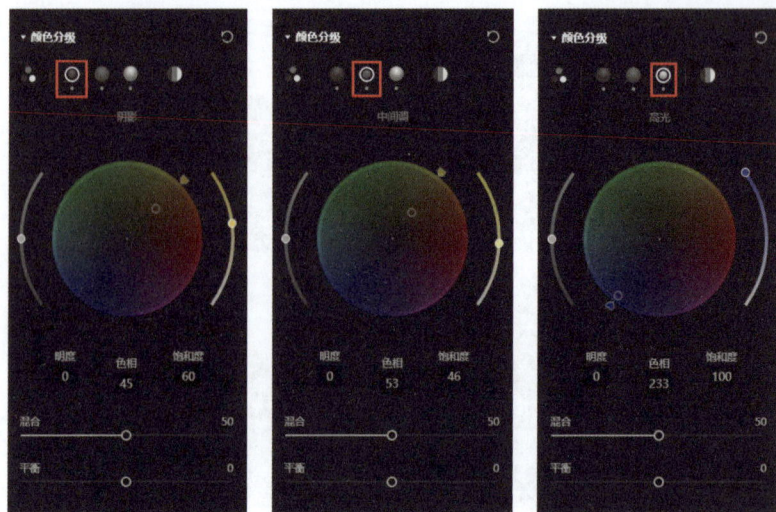

图 13-55

03 调整前和调整后的效果如图 13-56 所示。

图 13-56